冬眠动物

动物百科编委会　编著

中国大百科全书出版社

图书在版编目（CIP）数据

动物百科 . 冬眠动物 / 动物百科编委会编著 .
北京 ： 中国大百科全书出版社， 2025. 1. -- ISBN 978
-7-5202-1809-2

Ⅰ . Q95-49

中国国家版本馆 CIP 数据核字第 2024TG2048 号

总 策 划：刘 杭 郭继艳
策划编辑：张会芳
责任编辑：张会芳
责任校对：梁嬿曦
责任印制：王亚青
出版发行：中国大百科全书出版社有限公司
地 址：北京市西城区阜成门北大街 17 号
邮政编码：100037
电 话：010-88390811
网 址：http://www.ecph.com.cn
印 刷：唐山富达印务有限公司
开 本：710mm×1000mm 1/16
印 张：10
字 数：100 千字
版 次：2025 年 1 月第 1 版
印 次：2025 年 1 月第 1 次印刷
书 号：ISBN 978-7-5202-1809-2
定 价：48.00 元

总　序

这是一套面向大众、根植于《中国大百科全书》第三版（以下简称百科三版）的百科通俗读物。

百科全书是概要记述人类一切门类知识或某一门类知识的完备的工具书。它的主要作用是供人们随时查检需要的知识和事实资料，还具有扩大读者知识视野和帮助人们系统求知的教育作用，常被誉为"没有围墙的大学"。简而言之，它是回答问题的书，是扩展知识的书。

中国大百科全书出版社从 1978 年起，陆续编纂出版了《中国大百科全书》第一版、第二版和第三版。这是我国科学文化建设的一项重要基础性、标志性、创新性工程，是在百年未有之大变局和中华民族伟大复兴全局的大背景下，提升我国文化软实力、提高中华文化国际影响力的一项重要举措，具有重大的现实意义和深远的历史意义。

百科三版的编纂工作经国务院立项，得到国家各有关部门、全国科学文化研究机构、学术团体、高等院校的大力支持，专家、学者 5 万余人参与编纂，代表了各学科最高的专业水平。专家、作者和编辑人员殚精竭虑，按照习近平总书记的要求，努力将百科三版建设成有中国特色、有国际影响力的权威知识宝库。截至 2023 年底，百科三版通过网站（www.zgbk.com）发布了 50 余万个网络版条目，并陆续出版了一批纸质版学科卷百科全书，将中国的百科全书事业推向了一个新的高度。

重文修武，耕读传家，是我们中国人悠久的文化传承。作为出版人，我们以传播科学文化知识为己任，希望通过出版更多优秀的出版物来落实总书记的要求——推动文化繁荣、建设中华民族现代文明，努力建设中国式现代化强国。

为了更好地向大众普及科学文化知识，我们从《中国大百科全书》第三版中选取一些条目，通过"人居环境""科学通识""地球知识""工艺美术""动物百科""植物百科""渔猎文明""交通百科"等主题结集成册，精心策划了这套大众版图书。其中每一个主题包含不同数量的分册，不仅保持条目的科学性、知识性、准确性、严谨性，而且具备趣味性、可读性，语言风格和内容深度上更适合非专业读者，希望读者在领略丰富多彩的各领域知识之时，也能了解到书中展示的科学的知识体系。

衷心希望广大读者喜爱这套丛书，并敬请对书中不足之处给予批评指正！

《中国大百科全书》编辑部

"动物百科"丛书序

　　全球已知有 150 多万种动物，包括原生动物、多孔动物、刺胞动物、扁形动物、线形动物、苔藓动物、环节动物、软体动物、节肢动物、棘皮动物、脊索动物等，个体小至由单细胞构成的原生动物，大至体长可达 30 多米的脊索动物蓝鲸，分布于地球上所有海洋、陆地，包括山地、草原、沙漠、森林、农田、水域以及两极在内的各种生境，成为自然环境不可分割的组成部分。

　　除根据动物分类学将动物分类外，还可根据动物的种群数量、生活环境、对人类的利弊、生物习性等进行分类。有的动物已经灭绝，有的动物仍然生存繁衍。但现存动物中一部分已经处于濒危、近危、易危状态，需要我们积极保护。还有一部分大量存在的动物，有的于人类相对有益，如家畜、家禽、鱼虾蟹贝类、传粉昆虫、害虫的天敌等，是人类的食物来源和工业、医药业的原料，给人类的生存和发展带来了巨大利益；有一些动物（如猫、狗）是人类的伴侣，还有一些动物可供观赏。有些动物于人类相对有害，破坏人类的生产活动（如害虫、害兽）或给人类带来严重的疾病。动物的生活环境也不尽相同，有终生生活在陆地上的陆生动物，有水陆两栖的两栖动物，有终生生活在水中的水生动物，其中水生动物还可分为淡水动物和海水动物。此外，自然界的动物习性多样，有的有迁徙（洄游）习性，有的有冬眠习性。

　　为便于读者全面地了解各类动物，编委会依托《中国大百科全书》

第三版生物学、渔业、植物保护学、畜牧学等学科内容，组织策划了"动物百科"丛书，编为《灭绝动物》《保护动物》《有益动物》《有害动物》《常见淡水动物》《常见海水动物》《畜禽动物》《迁徙动物》《冬眠动物》等分册，图文并茂地介绍了各类动物。必须解释的是，动物的有害和有益是相对的，并非绝对的；动物的灭绝与否、受保护等级等也会随着时间发生变化，本丛书以当前统计结果为依据精选了相关的内容。因受篇幅限制，各类动物仅收录了相对常见的类型及种类。

希望这套丛书能够让更多读者了解和认识各类动物，引起读者对动物的关注和兴趣，起到传播科学知识的作用。

动物百科丛书编委会

目　录

第1章

蛇类

　　蛇类是一类身体细长、四肢退化的爬行动物的总称。蛇类起源于白垩纪，属于变温、肉食的羊膜动物。全世界共有 3600 多种蛇，广布于世界上除两极外的绝大多数地区。中国有蛇类 240 余种。

　　蛇类体表完全被覆鳞片，身体可分为头、躯干和尾 3 个部分。生活方式多样，有陆栖（如原矛头蝮）、树栖（如林蛇）、半水栖（如华游蛇）及海水生活（如海蛇）的种类。运动方式特殊，有蜿蜒运动、直进运动、侧进运动、伸缩运动及弹跳运动等多种运动方式。感觉器官除眼、耳、舌、鼻（锄鼻器）等外，一些类群还具有热测位器——颊窝（蝮亚科蛇）和唇窝（蟒蛇）。

　　蛇类活动规律可分为昼出活动、夜出活动、晨昏活动 3 种，大多数种类属于昼出活动。部分蛇具冬眠习性。属于肉食性动物，食物组成广泛，主要包括各类脊椎动物（小型兽类、鸟及鸟蛋、蜥蜴及其卵、蛙类及其蝌蚪、鱼类，甚至蛇类）和部分无脊椎动物（昆虫及其幼虫、其他节肢动物，蛞蝓、蚯蚓等陆生软体动物及水栖环节动物）。一般 2～3 年性成熟，体内受精，卵生或者卵胎生，少数种类存在孤雌生殖（如钩盲蛇）。依据饲养条件下的记载，蛇一般可活到 20 年左右，野生状态下，一般只能活几年。一生要经过多次蜕皮。

响尾蛇

响尾蛇是蛇目蝰科蝮亚科蛇中一类毒蛇的统称。包含 2 属 46 种 70 多个亚种。分布于美洲，是造成北美地区蛇伤的主要因素。

响尾蛇尾部末端具有一串角质环，为多次蜕皮后的残存物，当遇到敌人或急剧活动时，迅速摆动尾部的尾环，每秒钟可摆动 40 ～ 60 次，能长时间

响尾蛇

发出响亮的"嗒嗒嗒"声，致使敌人不敢近前，或被吓跑，故称为响尾蛇。夏天为夜行性，冬天则在岩石的缝隙中冬眠。

短尾蝮

短尾蝮是蛇目蝰科亚洲蝮属的一种。别称虺蛇、土寸子、烂肚蛇、狗屎蝮、土布袋、土巴蛇、麻七寸等。

◆ **地理分布**

短尾蝮在中国分布于安徽、北京、重庆、福建、甘肃、贵州、河北、河南、湖北、湖南、吉林、江苏、江西、辽宁、山西、陕西、上海、四川、台湾、天津、云南及浙江等地，在国外分布于朝鲜。

◆ **形态特征**

短尾蝮成体全长 60 ～ 70 厘米，体略粗，尾较短，尾后段黄白色，尾尖常为黑色。头略呈三角形，与颈部区分明显。吻棱明显，鼻间鳞外侧尖细略向后弯。眼大小适中，瞳孔直立椭圆形。眼后到颈侧有一条黑

褐色纵纹，上缘镶有白色细纹，因而又称"白眉蝮"。头背具对称的大鳞，头侧有上缘镶以白色细纹的黑褐色眉纹自眼后斜向口角。头侧鼻孔与眼之间有颊窝。躯干及尾背面浅褐色到红褐色，左右两侧各有1行交错排列或并列的深棕色圆斑，圆

短尾蝮

斑中心色浅，外侧常开放呈马蹄形。背鳞颈部 21 ~ 23 行，躯干中段 21 行，肛前 17 行；腹鳞 134 ~ 152 行；尾下鳞 29 ~ 46 对。

◆ **生物学习性**

短尾蝮栖息于平原、丘陵、低山。多发现在坟堆、灌丛、草丛、稻田、耕地、河渠、路边、村舍附近，城市园林中也可见；垂直分布于沿海、沿江、沿湖、沿河低地到海拔 1100 米范围。以鱼类、蛙类、蜥蜴类、蛇类、鸟类和鼠类等为食。11 月下旬或 12 月初进入冬眠，次年 3 ~ 4 月出蛰；春秋多于白天活动，夏季则在晚上活动。卵胎生。5 月和 9 月交配，8 ~ 9 月产仔 5 ~ 19 条。初生仔蛇体重 2.3 ~ 5.1 克，头体长 126 ~ 197 毫米，尾长 20 ~ 34 毫米。

◆ **价值**

自然种群中，短尾蝮存在一定数量的白化性状个体，常成为爬宠爱好者的饲养和观赏对象。在中国传统医学中，蝮蛇胆具明目的功效，去内脏后的干制品可入药，具祛风、通络、止痛、解毒等功效，主治风湿痹痛、麻风、瘰疬、疮疖、疥癣、痔疾、肿瘤等症。此外，还可炮制蛇

酒。蝮蛇干还被销往日本等国家。在现代医学中，蝮蛇毒中的纤溶酶组分可用于临床抗血栓治疗，蛇毒还是中国抗蝮蛇毒血清制备用的原料。

◆ **种群动态**

短尾蝮人工繁殖较困难。在人工环境下暂养时，往往采用投饲或填塞泥鳅的方式；实验室条件下喂养幼体时，可投饲蚯蚓、蜈蚣等小型无脊椎动物或切碎的泥鳅肉、鼠肉。养蛇企业多以收购野生成蛇、以贩代养的模式进行蛇类产品的开发利用，对野生种群造成严重的破坏。霉菌和寄生虫等往往会导致动物出现霉斑病和体质衰弱、食欲不振等症状，而捕食不当或人工采毒不当、通风不畅则会导致动物出现口腔炎和急性肺炎症状。

◆ **保护措施**

短尾蝮已被中国列入《国家保护的有益的或者有重要经济、科学研究价值的陆生野生动物名录》，并被《中国生物多样性红色名录——脊椎动物卷（2020）》评估为近危（NT）等级物种，还被《世界自然保护联盟濒危物种红色名录》评为近危（NT）等级物种。应加强对养蛇企业和养殖户的监督管理，严格审批驯养和经营许可资质。

◆ **危害**

短尾蝮为管牙类毒蛇，排毒量约为18.1毫克。蛇毒以血循毒为主，主要含金属蛋白酶、磷脂酶A2、丝氨酸蛋白酶和去整合素。由于短尾蝮分布范围广，食性多样化程度高，其毒液生化酶活力及致死毒性也存在较大的地区差异。

人被短尾蝮咬伤后，伤口处常有2个深而清晰的牙痕，间距0.5～

1.2 厘米。局部有刺痛麻木感，伤口红肿并迅速变黑坏死，伴有水泡和血泡，患肢肿胀，活动时疼痛加剧。常出现胸闷、心悸、气急、头晕、复视、恶心、呕吐等症状，脉搏加快，少尿或无尿，严重者可引起呼吸麻痹以至死亡。在中国东部沿海和长江中下游一带人口稠密地区，蝮蛇咬伤危害较大。

蛇岛蝮

蛇岛蝮是蛇目蝰科亚洲蝮属的一种。别称贴树皮。为中国特有种，分布于辽宁旅顺蛇岛、鞍山千山。

◆ 形态特征

蛇岛蝮是上颌具管牙、有颊窝的毒蛇。吻鳞略呈梯形，从背面仅可见其上缘。鼻间鳞略呈楔形，额鳞盾形，顶鳞略大于额鳞，眶上鳞约与额鳞等大，鼻鳞较大，鼻孔几呈圆形，开口于前半鼻鳞后缘的中央。上颊鳞 1 片，眶前鳞 2 片，眶下鳞 1 片，窝下鳞 1 片。颞区鳞片较小，邻接上唇鳞的 3 片最大，由前到后逐渐减小。上唇鳞 8（2-3-5、2-1-4）片，下唇鳞 11～13 片，前 3～4 片与额片相切。额片 1 对。背鳞 23-23-17 行，两侧最外行平滑外，其余均明显起棱。腹鳞 145～166 片，肛鳞完整，尾下鳞 32～49 对。雄性最长 782 毫米，雌性最长 800 毫米。头背灰褐色，散有粗大暗褐色斑。背面灰褐色，有"26 ＋ 8"个横跨体尾背面的暗褐色 X 形斑。体侧有 1～2 列暗褐色粗大星斑。腹面浅褐色，密布暗褐色细点。

◆ **生物学习性**

蛇岛蝮栖息于蛇岛、千山等地。多潜伏于灌丛下、枯草边、石板下、岩缝中，或栖于灌丛、小树的树干上。主要以小型鸟类为食，偶食褐家鼠，幼蛇食蜈蚣、鼠妇等节肢动物。每年 11 月到翌年 4 月潜伏于岩洞中冬眠，4 月中旬出蛰，5 月前后大量捕食，7 月前后蛰伏，9 ～ 10 月前后有大量采食活动。在活动季节，每天 5 ～ 10 时与 15 ～ 19 时为 2 个活动高峰期。卵胎生，2 年繁殖 1 次。8 ～ 10 月均可见交配，8 ～ 9 月产仔蛇 2 ～ 7 条，仔蛇全长 230 ～ 278 毫米，尾长 33 ～ 44 毫米，体重 9 ～ 16.5 克，大约长到 600 毫米时性成熟。

◆ **种群动态**

蛇岛蝮被《中国生物多样性红色名录——脊椎动物卷（2020）》评估为易危（VU）等级物种，分布区狭窄，但中国建立蛇岛自然保护区后，种群数量暂时稳定。

赤链华游蛇

赤链华游蛇是蛇目游蛇科华游蛇属的一种，中国特有种。又称赤腹游蛇、半纹蛇、水赤链蛇、水游蛇、水火赤链。

◆ **地理分布**

赤链华游蛇在中国广泛分布于上海、江苏、浙江、安徽、福建、台湾、江西、湖北、湖南、广东、海南、广西及四川等地。

◆ **形态特征**

赤链华游蛇是中等体形的无毒蛇，全长 0.5 米以上。头颈可以区分，通身具围绕腹背一周的多个黑色环纹，环纹在体侧及腹面清晰可辨，腹面环纹间为橘红色或橙黄色。头背暗褐色，体背灰褐色，体侧有 2 行鳞片宽 5 行鳞片高的黑色横斑，间隔 2～3 片鳞片，并向下延伸到腹部中间，成交错排列。赤链华游蛇鼻间鳞前端极窄，鼻孔位于近背侧，通常仅 1 片上唇鳞入眶；背鳞 19-19-17 行，最外行平滑或微棱，其余均具棱；腹鳞 145～158 片；肛鳞二分；尾下鳞双行，60～68 对。上颌齿 23～26 枚。雄性下唇鳞及颏片上有明显疣粒，深色环纹数目较多。

◆ **生物学习性**

赤链华游蛇以鱼（泥鳅、黄鳝）、蛙类及蝌蚪为食。捕食时多从猎物后部摄入，也吃蜥蜴类、蛇类、鸟类及鼠类。10 月以后活动减少，霜降前后进入冬眠，冬眠期多在田埂、塘地湿润泥土或洞穴中度过。翌年 5 月立夏前后才出蛰活动。

赤链华游蛇容易饲养管理，对温度、湿度、环境等养殖条件适应能力比较强，但食欲比较旺盛，每隔 6～8 天便要摄食 1 次。在饲养过程中，不要总用同一种饲料饲喂，要经常调换品种，如用老鼠、鱼、泥鳅、水蛇、蟾蜍、小鸡等不断轮换。有食蛇习性，因此大蛇和小蛇、亲蛇和仔蛇都不宜养在一起。吞食食物之后喜欢静卧，此时不要去惊扰它，如果受到惊扰，它很可能会把吃进的食物吐出来。

赤链华游蛇为卵胎生，怀卵数 4～28 枚，9 月末到 10 月产仔蛇，初生仔蛇全长 140～210 毫米，重 1.6～4.9 克，第 7～10 天开始首次蜕皮。随着卵黄等体内积蓄的营养物质的耗尽，幼蛇经过 8～12 天第一次蜕皮后开始进食。此时活动能力逐渐加强，开始投喂小昆虫的幼虫、小鱼虾及蝌蚪等活食，再经几天之后喂一般成蛇的食物，隔 3 ～ 5 天喂 1 次即可。此后，可投喂小青蛙、小鼠、鸟蛋、蜥蜴和其他活昆虫。

◆ 价值

赤链华游蛇已被中国列入《国家保护的有益的或者有重要经济、科学研究价值的陆生野生动物名录》，被《中国生物多样性红色名录——脊椎动物卷（2020）》评估为易危（VU）等级物种，还被《世界自然保护联盟濒危物种红色名录》（2013）ver3.1 列为近危（NT）等级物种。

赤链蛇

赤链蛇是蛇目游蛇科链蛇属的一种。别称火赤链、红斑蛇、燥地火链、红百节蛇、红麻子。

赤链蛇在中国分布于河北、山西、辽宁、吉林、黑龙江、江苏、浙江、安徽、福建、江西、山东、河南、湖北、湖南、广东、海南、广西、四川、贵州、云南、陕西、甘肃、上海、台湾等地，在国外分布于朝鲜。

赤链蛇为中型蛇类，全长 100 ～ 150 厘米，最重可达 1500 克。头较宽扁，呈椭圆形，头部黑色，枕部具红色"∧"形斑，体背黑褐色，具多数红色窄横斑，腹面灰黄色，腹鳞两侧杂以黑褐色点斑。眼较小，瞳孔直立，椭圆形。

赤链蛇主要栖息在田野、村庄、住宅及水源附近，在村民住院内也常有发现（山区少见，城市周边的郊区、半郊区以及城里的花园等地都有发现）。以树洞、坟洞、地洞或石堆、瓦片下为窝，野外废弃的土窑及附近多有发现。主要捕食蛙类和蟾蜍，偶尔也捕食其他小型哺乳动物、小型爬行动物及其卵。多在傍晚活动，性格较凶猛，无毒。卵生，7 ~ 8月产卵，产卵数 7 ~ 15 枚，孵化期 45 天左右。11 月冬眠，次年 3 月中旬出蛰。

赤链蛇已被中国列入《国家保护的有益的或者有重要经济、科学研究价值的陆生野生动物名录》；被列入《中国生物多样性红色名录——脊椎动物卷（2020）》，评估级别为无危（LC）；还被《世界自然保护联盟濒危物种红色名录》（2013）ver3.1 列为近危（NT）等级物种。赤链蛇多用于泡酒入药或烘干研末，有消炎镇痛作用。

虎斑颈槽蛇

虎斑颈槽蛇是蛇目游蛇科颈槽蛇属的一种。别称虎斑游蛇、野鸡项、雉鸡脖、竹竿青、鸡冠蛇。

◆ **地理分布**

虎斑颈槽蛇在中国分布于北京、天津、河北、山西、内蒙古、辽宁、吉林、黑龙江、上海、江苏、浙江、安徽、福建、江西、山东、河南、湖北、湖南、广西、四川、贵州、云南、西藏、陕西、甘肃、青海、宁夏及台湾等地，在国外分布于日本、朝鲜、俄罗斯等国家。

◆ **形态特征**

虎斑颈槽蛇头背绿色，上唇鳞白色，鳞沟黑色，下唇鳞黄白色，眼下第四、五片上唇鳞间有一条黑纹，眼后也有一条黑纹斜达口角。体背面主要为翠绿或草绿色，前段两侧黑色与橘红色斑块相间，颈部正中有一较明显的颈沟，枕部两侧有较大"八"字形黑斑，间以红色。体后段橘红斑不显，只有黑斑。腹面黄绿色，腹鳞游离，绿色较浅。上唇鳞7（2-2-3）式，或8（2-3-3）式，个别为2-2-4或3-2-3式。颊鳞1片。眶前鳞2（1）片，眶后鳞3（4）。颞鳞1（2）+2（1）片。背鳞全部起棱或仅最外行平滑，19-19-17（15）行。腹鳞雄性146～156片，雌性148～160片。尾下鳞雄性58～74对，雌性51～67对。肛鳞二分。雄体全长（531～690+153～180）毫米，雌体全长（512～670+112～179）毫米。

◆ **生物学习性**

虎斑颈槽蛇常栖息于山地、丘陵、平原地区的河流、湖泊、水库、水渠、稻田附近，有水草，多蛙、蟾蜍处。生存的海拔范围为30～2200米。以蛙、蟾蜍、蝌蚪和小鱼为食，也吃昆虫、鸟类、鼠类。晴天出来活动，行动敏捷。被激怒时，背腹扁平，将前半身竖起。被捕或受攻击时，颈脉可喷涌出乳白色或灰黄色毒液。卵生，每年6～7月产卵，每次产10枚以上，也有多者可达47枚。孵化期为29～50天。初生的幼蛇体长15～17厘米。冬季于背风向阳、地面干燥的其他生物遗弃洞穴或缝隙冬眠。

虎斑颈槽蛇已被列入《中国生物多样性红色名录——脊椎动物卷（2020）》，评估级别为无危（LC）。

眼镜蛇

眼镜蛇是蛇目眼镜蛇科眼镜蛇属的统称。别称饭匙倩、蝙蝠蛇、扁头风、扁颈蛇、吹风蛇、彭颈蛇、白颈乌等。

◆ **地理分布**

已知眼镜蛇属约 29 种，分布于亚洲南部及非洲。中国有 2 种：①舟山眼镜蛇。主要分布于华南、华中、华东地区，重庆市秀山土家族苗族自治县、贵州；在国外分布于越南北部。②孟加拉眼镜蛇。分布于广西西南部、云南南部及西部、四川西南部，在国外分布于南亚及中南半岛。

◆ **形态特征**

眼镜蛇全长 1 ～ 2 米。头部椭圆形，与颈区分不明显。无颊鳞，第四、五两片下唇鳞之间靠唇缘外常有 1 片小鳞。受惊扰时颈部肋骨扩张，颈背部显露出白色眼镜状斑或单眼斑。舟山眼镜蛇背鳞颈部 21 ～ 27 行，腹鳞162 ～ 182 片，颈背具眼镜

孟加拉眼镜蛇

状斑纹，背面黑色或黑褐色，腹面污白色。孟加拉眼镜蛇背鳞颈部 26 ～ 29 行，腹鳞 182 ～ 196 片。颈背具单眼斑，背面棕褐色，腹面黄白色。

◆ **生物学习性**

眼镜蛇栖息于沿海低地至海拔 1700 米的平原、丘陵和山地。常见于灌丛、坟地、稻田、池塘、溪边等，在公园或住宅内也有发现。以鱼类、蛙类、蜥蜴类、鸟类、鼠类、蛇类或鸟蛋为食。白天或傍晚活动，受惊时，身体的前 1/3 竖起，并发出"呼呼"的声音。表皮葡萄球菌、

金黄色葡萄球菌、肠道沙门菌、大肠杆菌、变形杆菌、寄生虫等病原生物，会引起腐皮病、肠炎、肺炎等疾病，危害蛇的健康。3月出蛰，11月冬眠。卵生，6～8月产卵。每窝产6～19枚卵，经50天左右孵出，幼蛇全长20厘米左右。

◆ **价值**

眼镜蛇与金环蛇、灰鼠蛇合称三蛇，可食用和药用。眼镜蛇毒是混合毒，其生物制剂可治疗多种疾病，是优良的镇痛剂和抗凝血剂。

◆ **保护措施**

眼镜蛇已被中国列入《国家保护的有益的或者有重要经济、科学研究价值的陆生野生动物名录》；《中国生物多样性红色名录——脊椎动物卷（2020）》中将孟加拉眼镜蛇、舟山眼镜蛇评估为易危（VU）等级物种；还被列入《濒危野生动植物种国际贸易公约》（CITES）附录二中，在《世界自然保护联盟濒危物种红色名录》中被评为无危（LC）等级物种。

眼镜王蛇

眼镜王蛇是蛇目眼镜蛇科眼镜王蛇属的一种。别称过山峰、过山风、过山乌、扁颈蛇、大扁颈蛇、大膨颈蛇、黑乌梢、蛇王等。眼镜王蛇是已知的唯一具有筑巢行为的蛇类。

◆ **地理分布**

眼镜王蛇在中国分布于海南、福建、广东、广西、云南、四川、贵州、江西、浙江和西藏等地，在国外分布于印度、老挝、泰国、越南、马来西亚、菲律宾等国。

◆ 形态特征

眼镜王蛇体形粗长，全长 2 ～ 3 米，最长可达 5.5 米。有前沟牙，沟牙后有 3 枚小牙。背部排列有平滑的鳞片，背鳞颈部有 17 ～ 19 行鳞片，背部体色黑褐色，具有黄色的横斑，腹面灰褐色，颈背部有"∧"形黄白色斑点。幼蛇体背部黑色，有黄白色环纹，颜色较成体更为鲜亮，其肤色随着年龄的增长而变暗。不同种群的成蛇和幼蛇斑纹均具有较大差异。

◆ 生物学习性

眼镜王蛇栖息于水源丰富、森林茂盛的沿海低地、沼泽、红树林、平原、丘陵至海拔 2181 米的山区的水边、树洞和岩缝内，多见于针叶林以外的森林、竹林、田边、村落以及小河边。以捕食蛇类为主，也吃蜥蜴类、鸟类和小型哺乳类，有些个体只选择吃特定的蛇类，例如分布在印度的种群仅吃蝮蛇类。昼行性动物，50% 的活动时间用于觅食。具有护卵行为。在受到惊扰后，身体的前 1/3 会竖起，同时扁平的颈部膨大做出攻击的姿势。发现猎物时，先向猎物体内注入蛇毒，待猎物不活动时再吞食，很少出现直接吞食活猎物的情况。寿命 20 年左右。具冬眠习性。

眼镜王蛇的个体较大，因此扩散和迁移的能力较强。主要天敌有蛇鹫、鹰、獴、黄鼠狼、刺猬等，其中，黄鼠狼和刺猬主要危害冬眠的蛇。人类向自然界丢弃的人工合成废弃物，例如网、金属制品和塑料制品等也会威胁到眼镜王蛇的生存。眼镜王蛇一般易患肠炎病和寄生虫病，其中，眼镜蛇蛇蛔线虫是在眼镜王蛇身上发现的线虫新记录种。卵生，6月产卵，每次产 12 ～ 51 枚卵。卵产于以落叶和枯枝筑成的 10 ～ 45 厘米深的巢穴内。

◆ **保护措施**

眼镜王蛇已被中国列入《国家保护的有益的或者有重要经济、科学研究价值的陆生野生动物名录》，并被《中国生物多样性红色名录——脊椎动物卷（2020）》评估为易危（VU）等级物种，被中国云南和贵州评定为省级保护动物。眼镜王蛇还被列入《濒危野生动植物种国际贸易公约》（CITES）附录二中，被《世界自然保护联盟濒危物种红色名录》评定为易危（VU）等级物种。

◆ **危害**

眼镜王蛇产毒量较大，蛇毒是以神经毒为主的复合毒，若被咬者不能及时就诊，多在 2 小时内死亡。蛇毒的毒性与蛇的年龄相关。例如，12 ～ 23 个月、24 ～ 35 个月、36 ～ 47 个月年龄和成体的蛇对老鼠的半致死量分别为 0.45 微克 / 克、1.27 微克 / 克、2.5 微克 / 克和 2.12 微克 / 克。

第 2 章

蝙蝠类

马铁菊头蝠

马铁菊头蝠是翼手目菊头蝠科菊头蝠属的一种。又称蹄鼻蝙蝠。因其鼻叶形态类似马蹄铁而得名。模式产地在法国，在中国境内广泛分布于江西、甘肃、陕西、安徽、云南、北京、河北、山东、辽宁、吉林等地。

◆ **形态特征**

马铁菊头蝠体重 17～34 克，前臂长 50～63 毫米，头体长 56～70 毫米，翼展 350～390 毫米，尾长 25～44 毫米，耳长 18～29 毫米，胫骨长 23～26.6 毫米，第三、四、五掌骨逐渐增长。鼻叶形态特殊，包括扁平的类似马蹄铁的蹄状叶及其外侧附加的小叶，鼻孔位于蹄状叶中央，周围有小叶环绕；鞍状叶呈提琴状，侧面略凹如鞍状，后面的连接叶呈钝圆形与顶叶相连，顶叶近三角形。耳大而略宽阔，耳端部削尖，无耳屏。毛色灰棕色。

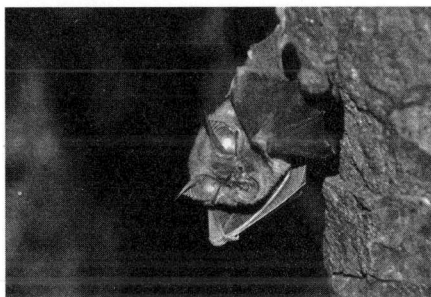

马铁菊头蝠

◆ 回声定位声波特征

马铁菊头蝠发出典型的恒频－调频型（CF-FM）回声定位声波，持续时间31.8～53.26毫秒，主频 65 ～ 83 千赫兹，第二谐波能量最强，有 2 ～ 3 个谐波，不同地理

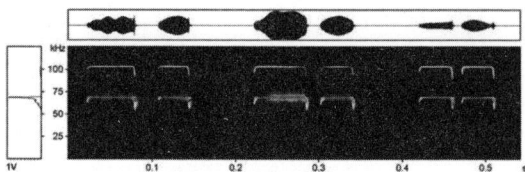

马铁菊头蝠回声定位声波

分布的马铁菊头蝠的回声定位声波存在"方言"现象。

◆ 生物学习性

马铁菊头蝠有很好的视力，但是主要依靠回声定位声波导航与捕食昆虫，成体每次的捕食范围可达 2 ～ 3 千米，主要捕食鳞翅目和鞘翅目昆虫。多栖息于岩洞及岩隙。具冬眠习性。在冬季，生活在中国东北地区的种群将进行冬眠。马铁菊头蝠婚配制度为一夫多妻制，母女可能与同一只雄性蝙蝠交配并产生后代，交配一般发生在秋季，交配后精液会在雌性体内储存一段时间，一般一胎只生产一只幼仔，偶有双胞胎。生活史较长，有记录表示可能长达 26 年。

◆ 种群动态

马铁菊头蝠在中国分布较广，中国南部分布零散，各种群数量较少，多与其他种类的蝙蝠共栖同一山洞。东北地区的种群数量相对较多，每个种群 200 只左右，种群数量比较稳定。

◆ 价值

马铁菊头蝠主要以昆虫为食，其食用的昆虫多数为农林业害虫。栖息地对湿度和植被覆盖情况要求较高，因此其种群对当地环境状况具有

一定的指示作用。由于人类频繁的开垦活动，马铁菊头蝠的生存状况受到一定的干扰。

◆ **保护措施**

马铁菊头蝠在《世界自然保护联盟濒危物种红色名录》和《中国生物多样性红色名录——脊椎动物卷（2020）》中被列为无危（LC）等级物种，但对其种群数量的保护需进行持续关注。

菲菊头蝠

菲菊头蝠是翼手目菊头蝠科菊头蝠属的一种。

◆ **地理分布**

菲菊头蝠在中国广泛分布于安徽、福建、江西、广东、四川、云南、贵州、广西、西藏、海南、山东及北京等地。

◆ **形态特征**

菲菊头蝠是体形最小的菊头蝠。头体长 38 ～ 42 毫米，尾长 13 ～ 26 毫米，后足长 6 ～ 8 毫米，耳长 13 ～ 20 毫米，前臂长 34.9 ～ 37.8 毫米，翼宽 21 ～ 25 毫米。平均体重 4.56 克，冬眠时由于体内脂肪的积累，体重可达 9 克左右。背毛毛尖棕褐色，毛基淡黄褐色，腹毛土黄色。

菲菊头蝠

胫较短，长 13.5 ～ 15 毫米。面部侧面观，连接叶呈三角形；前面观，鞍状叶狭窄，但基部轮廓宽且圆，明显宽于顶端，蹄状叶基部中间缺刻有 2 个小乳突，顶叶戟形，变化从等边到拉长。头骨轮廓与其他菊头蝠相似，顶部各脊较低。左右耳蜗间距较近，耳蜗发达，听泡较小。

◆ 回声定位声波特征

菲菊头蝠发出典型的恒频 - 调频型（CF-FM）回声定位声波，声波主频平均为 102.15 千赫兹，声脉冲持续时间 20 ～ 28 毫秒。主频具有显著的性别二态性，雌性主频高于雄性，且

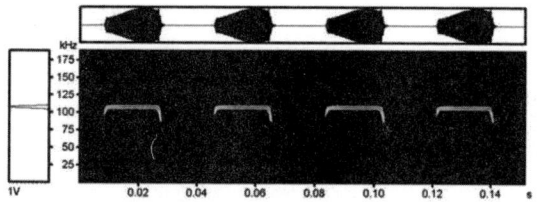

菲菊头蝠回声定位声波

声脉冲持续时间、脉冲间隔、主频以及带宽在不同的地理种群之间也表现出一定程度的差异。体形和栖息地气候因素可能是造成这些差异的主要影响因子。

◆ 生物学习性

菲菊头蝠主要在山洞中集群生活，数量可达 1500 只，也可在房屋中集小群生活。在山洞中喜好和其他蝙蝠共栖，但研究表明，菲菊头蝠的回声定位声波和食性与其他共栖蝙蝠存在一定程度的差异。

通常在 11 月中旬开始冬眠，翌年 2 月下旬开始苏醒。对中国海南分布的菲菊头蝠研究发现，其雄性在秋季睾丸发育好时产生精子，并储存于附睾内度过冬眠期，雌性在冬眠期间不进行精子储存。

◆ 种群动态

菲菊头蝠是比较常见的蝙蝠种类，分布较广，但种群数量不大，且

对其研究较少。

◆ **保护措施**

菲菊头蝠已被《世界自然保护联盟濒危物种红色名录》列为低危／无危（LR/LC）级别物种，《中国物种红色名录》将其评估为近危（NT）等级物种，几近符合易危（VU）等级物种。

大蹄蝠

大蹄蝠是翼手目蹄蝠科蹄蝠属的一种。

◆ **地理分布**

大蹄蝠在中国广泛分布于四川、云南、贵州、陕西、浙江、安徽、江苏、福建、江西、湖南、广东、香港、澳门、广西、海南及台湾等地，在国外分布于柬埔寨、印度、马来西亚、老挝、缅甸、泰国、越南、尼泊尔等国。

◆ **形态特征**

大蹄蝠属于大型蹄蝠。体长 80～101 毫米，前臂长 82～99 毫米，尾长 57～69 毫米，耳长 31～33 毫米，耳宽 22～23 毫米，胫长 38～41 毫米。体重 48～75

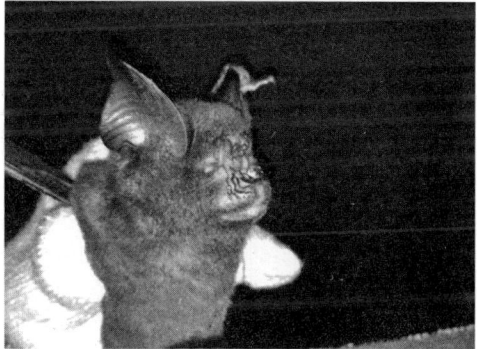

大蹄蝠

克。面部灰褐色。背毛棕灰色，腹毛棕灰色或灰黑色。鼻叶的马蹄形前叶相对较宽，为 9.5～10.5 毫米，两侧各具 4 片小附叶，最后一片极小，前叶中间无缺刻，后叶具 3 条纵棱。前额有一大囊腺。翼膜和尾膜均起始于踝关节。胫及胫边缘的尾膜不具毛，尾尖超出尾膜 1.5 ～ 2 毫米。后足连爪长 12 ～ 16 毫米。头骨额鼻部之间无明显弯曲，头骨前头部区域凹面中等强度，脑颅向后平缓高突，顶部较为平缓，枕部倾斜降低。吻部比较发达，超过眶间宽。颧弓发达，形成直立的颧弓板，明显超过后头宽。矢状脊明显，高而强壮，向后逐渐低下。

◆ 回声定位声波特征

大蹄蝠发出多谐波的恒频 - 调频型（CF-FM）回声定位声波，其能量主要集中在第二谐波。回声定位声波具有显著的地理差异，平均峰频为 66.80 ～ 72.51 千赫兹，持续时间为 8.2 ～ 14.5 毫秒。这种回声定位声波适合在林地中或其边缘捕食。此外，大蹄蝠的回声

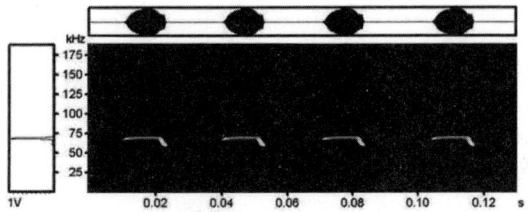

大蹄蝠回声定位声波特征

定位声波主频、持续时间和脉冲间隔时间会随着生境复杂度的增加而变化，具有明显的信号可塑性和生境适应性。

◆ 生物学习性

大蹄蝠夏季常成群栖息于阴暗潮湿的洞穴中哺乳后代，冬季则迁往暖和的冬眠地过冬。大蹄蝠主要以鞘翅目、鳞翅目和半翅目等夜行性昆虫为食。研究发现，大蹄蝠具有一夫多妻制的交配系统，具有复杂的社群结构。在中国台湾中部地区，大蹄蝠通常在秋季 7 ～ 9 月进行求偶交配，之后进入冬眠期。雄性精子储存在雌性的输卵管中，在来年 3 月出

眠之后受精。4～5月，雌性腹部明显膨大，之后在5～6月生产幼仔。一年一胎，常产一仔，偶产2仔。雄性幼仔在其出生后一年内可达性成熟，而雌性幼仔则在2年内达性成熟。

◆ 种群动态

每个大蹄蝠种群有45～600只个体，种群数量相对稳定。个体之间常保持15～30厘米的距离。研究发现，人为捕捉干扰会长期影响大蹄蝠的集群数量。在中国南方地区该物种还未面临明显的威胁。

◆ 价值

大蹄蝠进食量极大，每晚能吃掉相当于其自身重量1/3的昆虫。因此，在控制森林虫害和维持森林生态平衡方面具有重要作用。

◆ 保护措施

大蹄蝠为广泛分布的物种，已被世界自然保护联盟（IUCN）列为较少关注物种，被《中国生物多样性红色名录——脊椎动物卷（2020）》评估为无危（LC）等级物种。

普氏蹄蝠

普氏蹄蝠是翼手目蹄蝠科蹄蝠属的一种。

◆ 地理分布

普氏蹄蝠在中国广泛分布于云南、贵州、四川、江西、湖南、广西、福建、浙江、安徽、江苏及陕西等地，在国外分布于越南、马来西亚、缅甸及泰国等国。

◆ **形态特征**

普氏蹄蝠是大体形蹄蝠。体长 56.5 ～ 87.9 毫米，前臂长 83.4 ～ 91.3 毫米，耳长 23.3 ～ 32.8 毫米，耳宽 18.1 ～ 29.0 毫米，胫长 34.6 ～ 40.6 毫米。体重 48.2 ～ 83.2 克。面部灰褐色，背毛棕褐色或暗灰褐色，腹毛淡黄色。鼻叶的马蹄形前叶相对较宽，为 12 ～ 14 毫米，两侧各具 2 片小附叶，中间有缺刻；后叶近似三角形，有明显的中央隔，两侧较弱；在鼻叶的后方具有两大片盾状的皮叶，在雄性成体中尤为明显。头骨鼻额区低而平坦，前头部

普氏蹄蝠

区域凹面中等强度，脑颅向后平缓高隆，矢状脊发达。吻突低而宽，超过眶间宽。颧弓发达，超过后头宽。后头部略微外凸成圆形。

◆ **回声定位声波特征**

普氏蹄蝠发出多谐波的恒频－调频型（CF-FM）回声定位声波，其能量主要集中在第二谐波。回声定位声波的平均峰频为 59.2 ～ 62.9 千赫兹，持续时间为 5 ～ 11.1 毫秒。这种回声定位声波适合在开阔的林地捕食中等偏大的昆虫，以鞘翅目昆虫为主。此外，普氏蹄

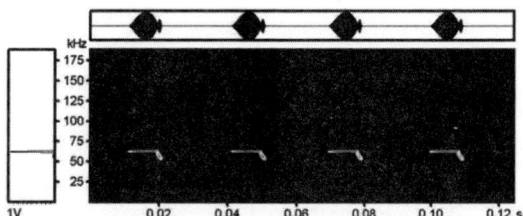

普氏蹄蝠回声定位声波特征

蝠的回声定位声波具有性别二态性。相比雌性，雄性具有较高的 CF 组分频率、较宽的 FM 组分以及较高的脉冲重复率，而雌性的 CF 和 FM 组分则具有更长的持续时间。

◆ **生物学习性**

普氏蹄蝠夏季常成群栖居于阴暗潮湿的天然岩洞或废弃矿洞中抚育后代，冬季常在潮湿温暖的冬眠地过冬。普氏蹄蝠主要以鞘翅目类夜行性昆虫为食。普氏蹄蝠一般在秋季 7 ～ 9 月发情交配，之后进入冬眠期。冬眠期长达 5 个月，为每年的 11 月中下旬至次年的 4 月。之后在 5 ～ 6 月产仔，每胎 1 ～ 2 仔，多为一胎一仔。

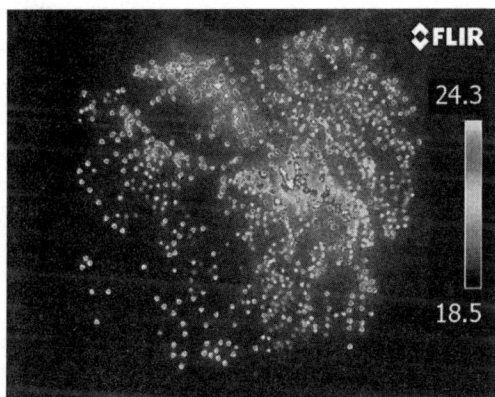

普氏蹄蝠的集群

◆ **价值**

普氏蹄蝠每晚捕食昆虫数量极大，因此在控制害虫数量和维持自然生态系统食物链等方面具有重要的作用。此外，普氏蹄蝠粪便可作为农田肥料。

◆ **种群动态**

普氏蹄蝠为广泛分布物种，每个种群有 40 ～ 600 只个体，种群数量相对稳定。在中国南方地区还未面临明显的威胁。

◆ **保护措施**

普氏蹄蝠已被世界自然保护联盟（IUCN）列为无危（LC），已被

《中国生物多样性红色名录——脊椎动物卷（2020）》评估为近危（NT）等级物种。

中华山蝠

中华山蝠是翼手目蝙蝠科山蝠属的一种。又称绒山蝠。为中国特有种，仅分布在中国东部及东南部，主要分布于上海、安徽、江苏、浙江、福建、江西、广东、香港、广西、湖南、湖北、贵州、云南、四川及台湾等地。

◆ 形态特征

中华山蝠体形肥壮。前臂长 48.7 ～ 52.5 毫米，翼展 277.1 ～ 339.44 毫米，尾长 36.0 ～ 52.0 毫米，耳长 15.0 ～ 18.0 毫米，后足长 10 ～ 11 毫米。体重 21.6 ～ 26.1 克。被浓密黑褐色毛，毛具光泽，腹面体毛为黄褐色。耳呈钝角，耳壳后缘延伸至颌角后缘，耳垂延伸至口角下缘，具有耳屏，耳屏基部细弱，中间加粗，成肾形。翼狭长，翼膜起于距部。

中华山蝠

第一指较短，指垫明显，第三、四、五掌骨依次缩短。后足较粗壮。头骨平缓而宽阔，鼻吻部短而宽，矢状嵴低矮，眶间距收缩明显，额骨不凸出。

◆ **回声定位声波特征**

中华山蝠发出 2 个较为陡峭的下调谐波组成的调频型（FM）回声定位声波，能量集中在第一谐波，能量最高处频率为 33 ～ 34 千赫兹，声脉冲持续时间 1.3 ～ 1.9 毫秒，频带宽较宽，达 50 千赫兹。

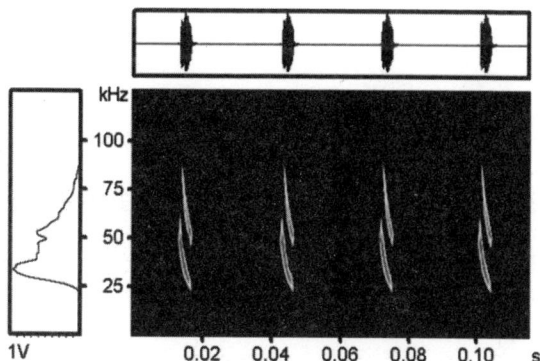

中华山蝠的回声定位声波特征

◆ **生物学习性**

中华山蝠多栖息于建筑物内，经常攀伏于陈旧楼房的柱梁、天花板、屋檐及墙缝等空隙处。在冬季期间（12 月至次年 4 月）进行冬眠。10 月前后为交配期，交配后精子贮存在雌性子宫内越冬，翌年 3 ～ 4 月排卵受孕，怀孕期 50 ～ 60 天，雌性 5 月下旬至 6 月中旬集群产仔育幼。

◆ **价值**

中华山蝠是典型的房屋栖居性食虫蝙蝠，捕食大量的农林害虫及传播疾病的蚊虫，与人类关系密切。

◆ **种群动态**

中华山蝠冬眠期间的骤冷骤热可能导致种群数量降低，种群内部常见的疾病为肝病，外部寄生的蜱、螨种类也较多。鼠类可能是中华山蝠的天敌，但尚待进一步研究证实。中华山蝠被《中国生物多样性红色名录——脊椎动物卷（2020）》评估为无危（LC）等级物种。

中华鼠耳蝠

中华鼠耳蝠是翼手目蝙蝠科鼠耳蝠属的一种。又称大鼠耳蝠、中国鼠耳蝠。

◆ **地理分布**

中华鼠耳蝠在中国主要分布于浙江、江苏、安徽、江西、福建、湖南、广西、陕西、四川、贵州、云南、海南、河南、香港等地。国际上分布于缅甸、越南、泰国。

◆ **形态特征**

中华鼠耳蝠是鼠耳蝠中体形最大的一种。体长71（58.4～81.2）毫米，前臂长65（64.4～66.8）毫米。体重29（22～33）克。身体被毛短而密，体背及体侧乌褐色，腹部灰褐色，毛尖色浅。耳较长，但向前转折时不达吻尖；耳屏长而直，尖端圆形，其长度约为耳长的一半。距长而微弱，无距缘膜。翼膜宽大，止于趾基部。尾长，但略短于体长，尾末端略凸出于股间膜。距短而细。头骨较狭长，吻宽，矢状脊低，但尚明显。

中华鼠耳蝠

◆ **回声定位声波特征**

中华鼠耳蝠发出长调频型（FM）回声定位声波，带宽较长，谐波不常见，不适合在很嘈杂的生境捕食，但擅长捕食地面活动的步甲类昆虫。

频率范围 30.4 ～ 86.8 千
赫兹，主频较低且变化
较大，一般为 35 ～ 50
千赫兹，脉冲时间约为
5 毫秒。能率环相对于
恒频蝙蝠低很多。

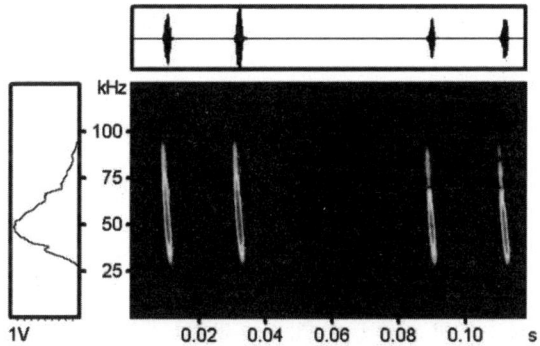

中华鼠耳蝠回声定位声波特征

◆ **生物学习性**

中华鼠耳蝠属洞栖型蝙蝠，3 ～ 5 只个体成群。集群数量为几百只
至上千只。栖息在同一洞穴中的中华鼠耳蝠和大足鼠耳蝠在育幼期有混
群的现象。冬眠期短，冬眠程度较浅，易受惊起飞。中国香港报道此物
种通常 2 只或单只栖息，冬季集小群栖息在岩石缝中，夏季集大群，混
有其他种的蝙蝠，如大足鼠耳蝠。中华鼠耳蝠主要猎物包括鳞翅目、膜
翅目、鞘翅目、双翅目等夜行性飞行昆虫。每年 10 月交配，翌年春季
排卵受孕，3 月下旬逐渐移入繁殖地（产仔育幼处）。产仔前单只栖息，
6 月产仔，哺乳 30 天左右后幼仔即自行飞行觅食。在夏季产仔育幼期
团栖，雄性成蝠、母蝠和幼仔组成亲子群。

◆ **价值**

中华鼠耳蝠食量极大，对农业害虫具有一定的抑制作用，其粪便可
以作为肥料使用。

◆ **保护措施**

中华鼠耳蝠已被世界自然保护联盟（IUCN）列为无危（LC）等级
物种，被《中国物种红色名录》评估为易危（VU）等级物种，被《中

国生物多样性红色名录——脊椎动物卷（2020）》评估为近危（NT）等级物种。

毛腿鼠耳蝠

毛腿鼠耳蝠是翼手目蝙蝠科鼠耳蝠属的一种。别称栉鼠耳蝠。为中国特有种，分布于浙江、安徽、江苏、江西、福建、广东、香港、台湾、四川、贵州及云南等地。

◆ 形态特征

毛腿鼠耳蝠体形较小。前臂长为 35～40 毫米，后足长 9～11 毫米，连爪达胫长（15～18 毫米）的 2/3。雄性体重 5.5～10 克，雌性体重 4.9～8.0 克。背毛棕褐色，毛基浅灰色，毛尖淡褐色。腹毛黑灰色，毛尖灰白色。尾基部灰白色。耳椭圆形，较大（14～16 毫米），两耳距离较宽，耳长约等于头长，耳屏细长，略短于耳长的一半。胫骨背腹面内侧具有白色较密绒毛，翼膜较大，但翼膜外缘止于踝的中段。股间膜背面与腹面均有短毛，外缘也有栉状短毛。翼长与翼宽的比值为 1.2；体重与前臂长的比值为

毛腿鼠耳蝠

0.14。头骨吻部上翘，中央凹陷，额骨前端急剧隆起，吻鼻部扁宽，两侧向外鼓凸，脑颅呈球状，矢状嵴明显，但较低，直嵴和人字嵴均不明显。犬齿较大，与门齿间隙明显。

◆ **回声定位声波特征**

毛腿鼠耳蝠发出调频型（FM）回声定位声波，其声脉冲较长，调频信号的扫描带较狭窄。一次完整的叫声脉冲包括 2 个谐波，声波能量主要集中于第一谐波，第二谐波能量较弱。平均主频率约为 51.45 千赫兹。

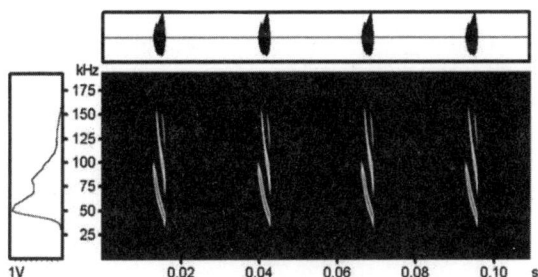

毛腿鼠耳蝠回声定位声波特征

◆ **生物学习性**

毛腿鼠耳蝠喜欢栖居于岩洞、隧道及废坑道等地，常见与水鼠耳蝠、中华菊头蝠、皮氏菊头蝠、折翼蝠及大蹄蝠等同栖一洞，偶见与绒鼠耳蝠混居一处。飞行速度较慢，灵活性较差，多在树林边缘或上空、农田、草地或水面上等不太复杂的近距离环境中捕食。捕食方式为空中捕食或掠食，捕食对象是中等大小的静止猎物，主要是双翅目的昆虫，如蚊类。具冬眠习性，但程度浅，在中国安徽一般 11 月下旬进入冬眠，翌年 3 月中下旬出眠。一般 5 月中旬到 6 月上旬产仔，每胎一只。

◆ **种群动态**

毛腿鼠耳蝠常成 3 ～ 5 只个体的小群，也有少数单只栖息。在中国浙江为洞穴栖居类型的优势种，每个种群个体数量最多可达 1000 只以上。

◆ **价值**

毛腿鼠耳蝠捕食昆虫，尤喜食蚊类，有益于人类。粪便中含有大量磷和钾等元素，可以用作农田肥料；还能入药，俗称夜明砂。

◆ 保护措施

毛腿鼠耳蝠已被世界自然保护联盟（IUCN）列为无危（LC）等级物种，被《中国生物多样性红色名录——脊椎动物卷（2020）》评估为近危（NT）等级物种。

渡濑氏鼠耳蝠

渡濑氏鼠耳蝠是翼手目蝙蝠科鼠耳蝠属的一种。又称丽鼠耳蝠。

◆ 地理分布

渡濑氏鼠耳蝠在中国分布于四川、贵州、广西、福建、江苏、浙江、安徽、湖北、上海、陕西、吉林、辽宁、重庆、江西和河南等地，在国外分布于朝鲜、韩国、日本、老挝和越南等国。

◆ 形态特征

渡濑氏鼠耳蝠为中等偏大体形鼠耳蝠。体长46～55毫米，前臂长46～49毫米，尾长49～56毫米，耳长15～19.5毫米，胫长21～25毫米。体重8.0～14.0克。体色鲜艳，背毛和腹毛基部为黄白色，毛尖（毛发的1/3）为棕褐色或淡红色。尾膜和翼膜在身体周围形成三角形红褐色斑块。耳基部红棕色，外缘

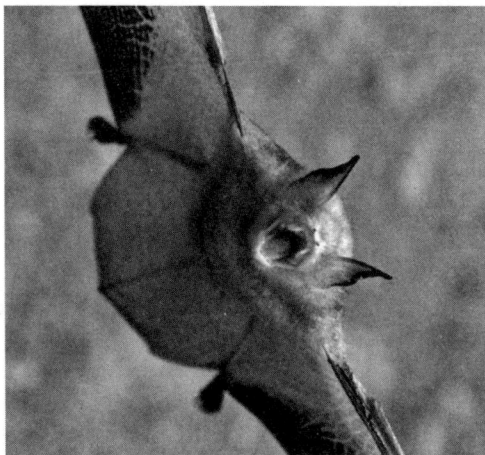

渡濑氏鼠耳蝠

框着黑边。鼻孔、拇指和后足边缘都呈黑色。翼膜整体为黑色，但在接近肱骨、桡骨、掌骨和指骨处的翼膜为棕红色，拇指黑色。翼膜和尾膜均起始于踝关节。头骨额鼻部之间无明显弯曲，头骨前头部区域凹面中等强度，脑颅宽而圆突，顶部较为平缓。吻部比较发达，超过眶间宽。颧弓发达，超过后头宽。矢状脊和人字缝不明显。下颌喙突较发达，明显超过犬齿的高度。

◆ 回声定位声波特征

渡濑氏鼠耳蝠发出短、宽带的调频型（FM）回声定位声波，有 1 ～ 2 个谐波，最大能量主要集中在第一谐波。平均峰频为 54.77 千赫兹，平均持续时间为 2.09 毫秒。这种

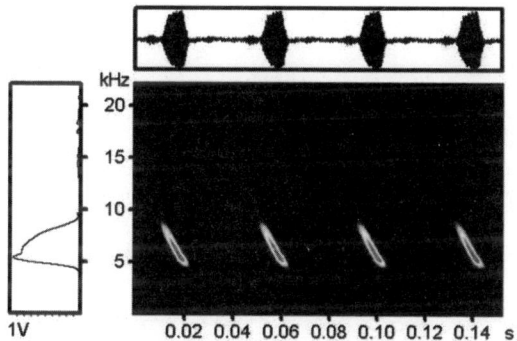

渡濑氏鼠耳蝠回声定位声波特征

回声定位声波适合在相对开阔的树冠上空、树冠中间以及林间空隙捕食中等体形的昆虫。

◆ 生物学习性

渡濑氏鼠耳蝠营树栖和洞栖生活。夏季主要栖息在潮湿的山洞中，偶尔也栖息在老房子房檐的梁上及门窗缝等处。具冬眠习性。在中国北方冬眠栖息地的温度在 6 ～ 10℃。

在中国东北地区，一般在秋季交配，次年春季受精怀孕，怀孕期大约 2 个月。在 6 月底开始产仔，通常 1 胎产 1 仔。渡濑氏鼠耳蝠种群数

量极少，因此还缺乏其寿命和生活史方面的相关报道。

◆ **种群动态**

渡濑氏鼠耳蝠每个种群数量极少，种群数量波动较大。对于栖息于山洞中的群体，夏季白天在山洞很少能够见到，可能是因为它们栖息在岩缝中。在冬眠地的每个山洞也只能零星见到几只个体。综上，虽然渡濑氏鼠耳蝠在中国分布较广，但其种群数量极少。

◆ **价值**

渡濑氏鼠耳蝠主要食物包括各种夜行性昆虫。由于其体形较大，所以食量极大，每晚能够进食自身体重 1/3 的昆虫，因此对农林生态系统的健康具有重要作用。

◆ **保护措施**

因为渡濑氏鼠耳蝠种群数量极少，应加大对之研究和保护的力度，使其种群数量慢慢增长。渡濑氏鼠耳蝠已被世界自然保护联盟（IUCN）列为无危（LC）等级物种，被《中国物种红色名录》定为易危（VU）等级物种，被《中国生物多样性红色名录——脊椎动物卷（2020）》评估为易危（VU）等级物种。

大足鼠耳蝠

大足鼠耳蝠是翼手目蝙蝠科鼠耳蝠属的一种。

◆ **地理分布**

大足鼠耳蝠是较为罕见的 3 种主要食鱼蝙蝠之一，也是唯一分布于温带地区的主要食鱼蝙蝠种类。长期被认为是中国特有种，主要分布在北京、山西、山东、安徽、江苏、浙江、江西、福建、湖南、广东、香港、四川、重庆、广西、云南、陕西及海南等地；在越南、老挝和印度少数几个国家也发现有物种的分布。

◆ **形态特征**

大足鼠耳蝠体形大。成体一般体重20～30克，头体长60～65毫米，前臂长53～58毫米。耳屏较短，长8.5～9.8毫米，不及耳长的一半。口鼻部具有发达的须，吻部不很凸出。具曲爪，第三、四、五掌骨依次缩短。后足发达且长，约20毫米，几乎与胫长相等，相当于其他以昆虫为食的鼠耳蝠后足长度的2倍。足背具黑褐色被毛，爪尖利，长而弯曲，脚掌小，脚趾粗壮有力。翼膜和尾膜分别起始于胫中部和趾基部。距长，超过股间膜后缘2/3。尾较长，末端凸出于膜外。身体背毛短而浓密，背部深褐色，腹毛

大足鼠耳蝠

灰白色。颅全长约20毫米，颅顶较平缓，听泡较小，矢状嵴细且矮小，颧弓稍细，略呈三角形；吻鼻部中央及两侧各具一凹窝。乳突外宽约8.5毫米。上颌第一、二门齿向中央倾斜，其中第一门齿具有发达的内尖；犬齿较发达。

◆ **回声定位声波特征**

大足鼠耳蝠发出调频型（FM）回声定位声波，伴有1～2个谐波（多数为2个），能量主要集中在第一谐波。主频率为37.78±1.04千赫兹，

调频带较宽，第一谐波频带宽为 42.02±6.98 千赫兹，第二谐波频带宽为 25.79±7.89 千赫兹。声脉冲时间为 2.91±0.54 毫秒，间隔时间变化为 32.30±15.10 毫秒，能率环为 11.27±5.84%。野外观察发现，大足鼠耳蝠主要在低水面上空飞行，利用后足从水面捕食猎物（拖网式捕食）。

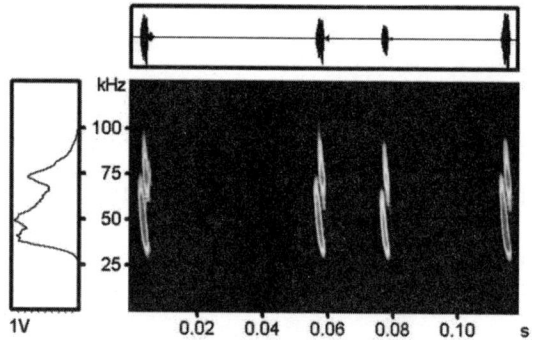

大足鼠耳蝠的回声定位声波

◆ **生物学习性**

大足鼠耳蝠为洞栖型蝙蝠，洞区周围通常有湖泊、水库等水域，喜在静水或缓流水域觅食，猎物主要由夜行性昆虫和鱼类组成，夏季比秋季的食鱼比例更高。雌雄个体常分居于不同的山洞。具冬眠习性。秋末冬初发情，冬眠期间储存精子，次年春季妊娠，在食物最丰富的夏季分娩哺育后代。

◆ **种群动态**

大足鼠耳蝠现有数量正在减少，除栖息地的破坏和丧失，食物来源短缺也是导致其种群数量下降的一个重要原因。因其主要以鱼类为食，水体的严重污染或过度捕鱼使其可利用的食物资源减少，从而导致种群数量下降。

◆ **价值**

大足鼠耳蝠能够捕捉农业害虫，减轻农业虫害对农业产量的影响。由于鱼类是其重要的食物成分，因此其对于局域水生生态环境平衡的维持也具有一定作用。

◆ **保护措施**

由于大足鼠耳蝠种群数量在逐渐下降，因此应对其采取相应的保护措施，即制止进洞破坏性采挖粪便、限制无计划开发岩洞旅游，以及保护和治理其赖以生存的水资源。2008 年，大足鼠耳蝠已被世界自然保护联盟（IUCN）列为近危（NT）等级物种。

大耳蝠

大耳蝠是翼手目蝙蝠科大耳蝠属的一种。又称褐大耳蝠、褐长耳蝠。

◆ **地理分布**

大耳蝠广泛分布于北纬 40° ～ 60°，在中国，主要分布于黑龙江、吉林、内蒙古、甘肃、河北、山西、陕西等地，在欧洲大部分地区均有分布。

◆ **形态特征**

大耳蝠为小体形蝙蝠。头体长 38 ～ 46 毫米，前臂长 35 ～ 40.7 毫米，尾长 41 ～ 49 毫米，胫长 19 ～ 26 毫米，后足长约为胫长的一半。耳特大，

大耳蝠

长 34 ～ 37 毫米，几乎与头体等长，椭圆形，双耳内缘基部相连且具有明显突出叶，耳屏呈披针形，其外缘基部具一小叶。背毛毛色不均，毛

基黑褐色,毛尖浅灰褐色;腹毛呈浅灰褐色,毛尖略带黄色。翼膜起始于外趾基部,无距缘膜。乳突外宽略大于颧骨宽。脑颅大而圆,顶部较为平缓,吻部至额部缓慢升高,吻部较短,听泡较大。

◆ **回声定位声波特征**

大耳蝠发出持续时间短、多谐波的调频型(FM)回声定位声波,包括 1 ～ 4 个谐波,其能量主要集中在第二谐波,有时也集中在第三谐波。主频较低,在 25 ～ 50 千赫兹,持续时间平均为 2.0 毫秒。这种回声定位声波适合在复杂的环境中捕食,较短的持续时间和较低的能率环可避免发出的声波与近距离障碍物返回的声波相重叠。此外,由于回声定位声波的微弱和不稳定性,

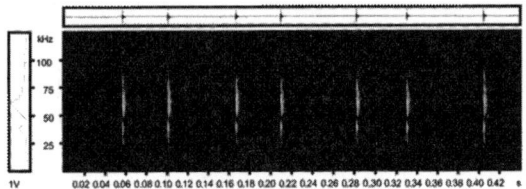

大耳蝠回声定位声波

大耳蝠会使用听觉和视觉辅助捕食。

◆ **生物学习性**

大耳蝠主要栖息于中低海拔的森林中,夏季选择屋顶棚下、树洞及岩隙作为栖息地点,冬季则在山洞或隧道等环境中冬眠。傍晚觅食,主要捕食中等体形的蛾类或其他昆虫。大耳蝠飞行能力强,可在植被内部进行盘旋飞行捕食,偶尔也会在树叶上进行捕食。通常在 10 月进入冬眠期,第二年 4 月苏醒,在夏初进入繁殖期。

在繁殖期,大耳蝠雄性和雌性生活在不同的群体中,雌性组成 10 ～ 30 只个体的小群体,而雄性个体通常保持单独生活,直到夏末。

雌性在 6 ～ 7 月产仔，每年 1 胎，每胎产 1 ～ 2 只。幼仔在 6 ～ 7 周后断奶，并在第二年性成熟。记录的最大寿命为 22 年。

◆ **种群动态**

大耳蝠在欧洲中部（除地中海地区）及亚洲部分地区广泛分布。在中国，未见对其种群的详尽调查研究。

◆ **价值**

大耳蝠可以大量捕食蛾类、甲虫等昆虫，对于人类和农林生态系统有益。

◆ **保护措施**

大耳蝠在地中海区域种群数量下降的原因，包括阔叶林（尤其是成熟木）的采伐导致大耳蝠栖息地的减少，以及杀虫剂的使用导致食物数量的下降。为保护大耳蝠的栖息生境，需加强对森林和成熟木的保护以及对杀虫剂使用的控制。大耳蝠被世界自然保护联盟（IUCN）、《中国物种红色名录》和《中国生物多样性红色名录——脊椎动物卷（2020）》列为无危（LC）等级物种。

白腹管鼻蝠

白腹管鼻蝠是翼手目蝙蝠科管鼻蝠属的一种。又称大管鼻蝠。

◆ **地理分布**

白腹管鼻蝠在中国广泛分布于北京、内蒙古、黑龙江、吉林、辽宁、山西、陕西、四川、福建、西藏、贵州及云南等地，在国外分布于印度、尼泊尔、蒙古、越南、韩国、朝鲜及日本等国。

◆ 形态特征

白腹管鼻蝠为中等体形蝙蝠。体长 42 ～ 53 毫米，前臂长 37.5 ～ 43 毫米，尾长 34 ～ 49 毫米，胫长 17 ～ 20 毫米。头前部褐色，背毛红褐色或灰褐色；腹部毛色浅；面部为暗褐色，毛厚且柔软，最长处可达 13 毫米。耳相对较短，耳长略大于耳宽，顶端钝圆；耳屏窄而长，基部有缺刻。翼膜宽阔，连接足外趾基部。股间膜及足上均覆有细而密的毛。吻端凸出，鼻孔延长呈短管状。颅骨和吻部相对狭长，吻背中央纵向凹陷，眶间隔较宽，无眶后突，颧弓宽扁，存在矢状嵴与人字嵴，但不明显。前臼齿明显小于后臼齿。

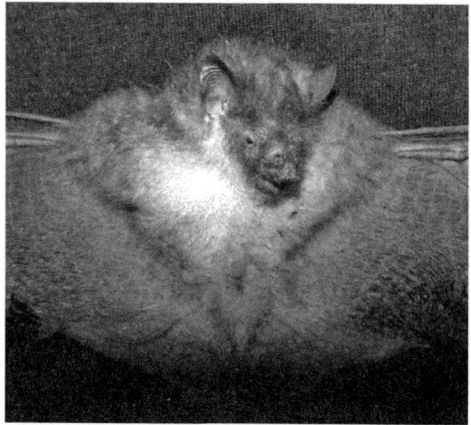

金色白腹管鼻蝠

◆ 回声定位声波特征

白腹管鼻蝠发出典型的调频型（FM）回声定位声波，持续时间较短，平均为 1.3 毫秒，平均峰频为 75.19 千赫兹。研究表

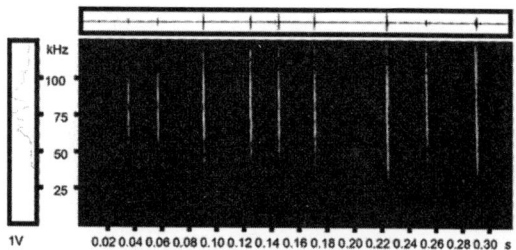

白腹管鼻蝠回声定位声波特征

明，白腹管鼻蝠可以改变回声定位声波结构，并整合到交流声波中以达

到交流的目的。

◆ **生物学习性**

白腹管鼻蝠为群居性夜行动物，具有复杂的社群结构，可与其他蝙蝠类群同栖于同一山洞。一般栖息在海拔 1200 ～ 2000 米的阔叶林带的山洞内，也栖息在树洞和建筑物中，冬季在岩缝中集群冬眠。通常在开阔的空间进行捕食，主要捕食鞘翅目昆虫。5 月下旬进入繁殖期，在此阶段雌性组成小居群，雄蝠则单独生活。每胎通常产一只幼仔。

◆ **价值**

白腹管鼻蝠因捕食大量昆虫，对于农田生态系统具有积极作用。

◆ **保护措施**

虽然未发现白腹管鼻蝠种群下降的现象，但仍需要对其赖以生存的洞穴和森林栖息地进行保护，减少人类干扰。白腹管鼻蝠已被世界自然保护联盟（IUCN）、《中国物种红色名录》和《中国生物多样性红色名录——脊椎动物卷（2020）》列为无危（LC）等级物种。

东方蝙蝠

东方蝙蝠是翼手目蝙蝠科蝙蝠属的一种。又称伏翼、天鼠、飞鼠、仙鼠、夜燕、霜毛蝠、东亚蝠或东方蝠。

◆ **地理分布**

东方蝙蝠在中国广泛分布于青海、甘肃、内蒙古、新疆、吉林、黑龙江、山东、山西、四川、湖南、湖北、福建等地，在国外分布于日本、朝鲜、韩国、蒙古和俄罗斯等国。

◆ 形态特征

东方蝙蝠体形中等。头体长 57.08～65.68 毫米，前臂长 46.23～
50.59 毫米，胫长 18.23～20.12 毫米，尾长 39.25～44.84 毫米，耳长
16.45～19.3 毫米，耳宽 8.62～11.18 毫米。体重 12.1～18.56 克。背
毛淡棕褐色，毛基棕褐色，自
颈后至尾基具明显的花白细斑。
腹毛灰褐色，毛基淡褐色。两
臀基部、喉部和下腹部毛呈灰
褐黄色。耳短而略宽，呈三角
形，耳屏尖端较圆钝。尾发达，
凸出股间膜不超过 3 毫米。翼
膜由趾基起，距缘膜较狭呈小
弧形。体毛延伸至股间膜，达胫
骨的 1/2～2/3 处。颅骨较长，
头长为吻的 2.4 倍。头骨前端

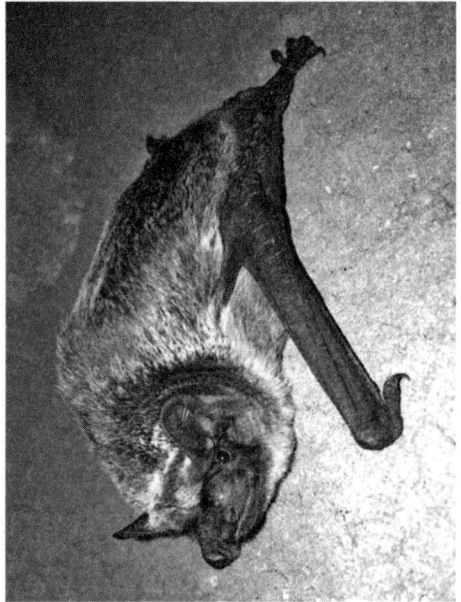

东方蝙蝠

鼻窝深度是吻端至眶间最狭窄处全距的一半，头骨背面两侧各具一长形
凹沟。腭窝之宽大于深，颅高超过颅全长的 1/3。牙齿具尖锐齿尖。

◆ 回声定位声波特征

东方蝙蝠发出短的、宽带的、多谐波（通常 3 谐波）的调频型（FM）
回声定位声波，能量主要集中在第一谐波。峰频为 34.54 千赫兹，声脉

冲持续时间为 2.63 毫秒。
起始频率、主频、终止频率及带宽会随着噪声的增强而显著提高，表明其回声定位行为在噪声干扰下具有明显的可塑性。

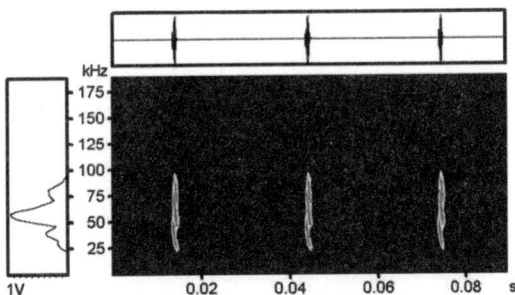

东方蝙蝠回声定位声波特征

◆ **生物学习性**

东方蝙蝠为伴人种，会选择各类人工建筑为栖息地，如桥梁缝隙，屋舍楼房顶架、天棚及门窗框后等。它们匍匐或倒挂在棚顶栋梁的空隙间。具冬眠习性。

主要以双翅目昆虫为食。在黑龙江中部地区，被观察到在 7 月每夜外出觅食 2 次，第一次为晚 8 时到午夜，第二次为次日凌晨 3 时半到黎明。出飞时先爬到出口处，自出口下落约 20 厘米后展翅起飞，飞行轨迹呈波状，快速而敏捷，可以突然改变飞行方向而不改变速度。繁殖期间，雌雄分开栖息，雌性聚集在一起形成哺育地。幼仔出生于 6 月底 7 月初，每胎 2 仔，幼仔具有独立生活能力后雌雄再混居在一起。

◆ **种群动态**

东方蝙蝠种群数量变化较大，有时独居，有时几只个体成小群，有时成百上千只个体聚居在一起，形成较大种群。6 月初迁至黑龙江，9 月中旬迁走，冬眠地点及迁移情况尚不清楚。

◆ **价值**

东方蝙蝠捕食大量害虫，每分钟能捕食 14 只昆虫，对人类有益。

◆ **保护措施**

东方蝙蝠已被世界自然保护联盟（IUCN）和《中国生物多样性红色名录——脊椎动物卷（2020）》评估为无危（LC）等级物种。

第 3 章

蜥蜴类

蜥蜴类是爬行类蜥蜴亚目动物的统称。俗称四脚蛇。此亚目包括17 科，3700 多种，分布于欧洲、亚洲、非洲、美洲和大洋洲。狭义的蜥蜴仅指蜥蜴亚目蜥蜴科蜥蜴属，分布于欧洲、亚洲西部及非洲，在中国分布于新疆西部及东北大兴安岭山区。

蜥蜴类体形修长。头长大于宽，略呈三角形。吻端钝圆，有后鼻鳞。领围显著。存在有嚼肌。头背具对称大鳞。躯干背面粒鳞；腹面大鳞 6 ～10 纵行，长方形，平滑，纵横成行。尾长，圆柱形，基部略平，向后渐尖，长方形大鳞，其游离缘中央尖出，尾然环列而不分节。四肢较粗短。指趾圆形或侧扁，下方常有结节或强烈起棱。有股窝 7 ～ 12 个。体背灰色，有均匀而不甚明显的棕色脊纹或点斑；腹鳞灰黑无斑，边缘色浅。

蜥蜴类生活于山区林间草地或沼泽地带。以甲虫、直翅目、蝇类，鳞翅目等昆虫及其幼虫，蜘蛛类、多足类为食，也吃蚯蚓、软体动物，偶有吃小型蜥蜴。每年 3 ～ 5 月出蛰活动，8 ～ 9 月开始冬眠。卵生或卵胎生。卵生者 5 ～ 6 月产卵于土窝，每雌产卵 3 ～ 15 枚，7 月末到 8 月初出现幼蜥。卵胎生者，雌蜥可产仔 13 只，仔蜥全长 38 ～ 42 毫米，体背黑褐，具光泽；腹面青灰，斑纹不显。主要以昆虫、蜘蛛、多足类为食。

长鬣蜥

长鬣蜥是蜥蜴目鬣蜥科长鬣蜥属的一种。别称大马鬃蛇。

◆ 地理分布

长鬣蜥在中国分布于广东（广州）、广西（龙州、百色、天等、大新、防城、宁明）、云南（河口）等地，在国外分布于越南、泰国等国家。

◆ 形态特征

长鬣蜥全长一般在 600 毫米以上，体尾明显侧扁，均具发达的鬣鳞，鼓膜大而位于表面，雌雄均具股孔。生活时头、体、尾前 1/4 及四肢背面绿褐色，后部有棕色、黄色和粉红色点斑，颌缘浅黄棕色，喉部翠蓝色，鬣鳞深绿色或棕色。有的个体由背脊向后斜出 2～4 个"∧"形蓝绿色线纹，腹面草黄绿色，尾中段有深棕黑色环纹 6～9 个，前部的环纹较窄，向后黑环逐渐加宽而不明显，且呈一致棕色，腹面浅灰色，四肢腹面棕绿色，爪呈浅褐色。

◆ 生物学习性

长鬣蜥生活于热带或亚热带海拔 100 米左右的平坝区，常见于有林木、岩石的河流及水沟边，荫凉的石缝或竹、木上。穴居于沙土洞穴内。以昆虫、螺、蜗牛、虾及小鱼为食。人工饲养下亦食蛙类、小白鼠等。偶尔进食植物性饲料。白天处于睡眠状态，虽经捕捉亦不活动，甚至不经麻醉注射甲醛液 10%，仍为睡眠状。每年 3～11 月为其活动期，12 月至翌年 2 月为冬眠期，在冬眠期间气温回升时仍见其活动。惊动后跃入水中，游泳自如。常在林间或沙地上行走，急走时前肢贴向体侧，将

体前部竖起，仅以后肢行走。在营养及饲养情况良好情况下，寿命可达
25年。卵生。4～7月为繁殖期，成熟雌蜥年产卵2～3窝，窝卵数7～18
枚，雌蜥每窝产卵间隔33～45天不等。卵重2.80～3.50克，呈长椭
圆形、白色，卵壳革质、柔软。

◆ **价值**

长鬣蜥有漂亮的体色和鬣鳞，具观赏价值。亦可入药。

◆ **种群动态**

因人类的捕捉及对其栖息地的破坏和干扰，长鬣蜥野外种群数量下
降，资源锐减。

◆ **保护措施**

在中国，长鬣蜥被《中国濒危动物红皮书》《中国生物多样性红色
名录——脊椎动物卷（2020）》评估为濒危（EN）等级物种，还被中
国广东、云南列入重点保护野生动物名录。

北草蜥

北草蜥是蜥蜴目蜥蜴科草蜥属的一种。中国特有种，分布于陕西、
甘肃、江苏、上海、安徽、湖北、四川、浙江、福建、江西、湖南、贵
州及云南等地。

◆ **形态特征**

北草蜥体背绿褐色，腹面灰白色，体侧下方绿色。吻部较窄，吻端
锐圆，吻鳞较窄，不入鼻孔，通常与额鼻鳞略相接，将左右上鼻鳞隔开。
鼻孔开口于鼻鳞、后鼻鳞与第一枚上唇鳞之间。额鼻鳞较大，长宽几乎

相等。额鳞长大于宽，小于顶鳞，前端宽呈三角形向前凸出与前额鳞相接，后端窄且近于平直和额顶鳞相接。额顶鳞 1 对。顶鳞是头部最大的 1 对鳞片，其外缘有 1 排较长的棱鳞。顶间鳞很小。顶眼清晰。枕鳞甚小，比顶间鳞短，很少相等。眶上鳞 4 片，第一、四片很小。上睫鳞 4 片或 5 片，第一、二片最长。颊鳞 2 片。上唇鳞通常 7 片，第五片最大，位于眼下方。下唇鳞 5 片。颏片通常 3 对，颞鳞小，微棱。耳孔上方边缘有 3 片较大的鳞片。领围鳞片由 11 ～ 12 片较尖且起棱鳞片组成。被鳞为起棱大鳞片，其棱首位相接连成线，通常为 6 行。腹部起棱大鳞 8 行，靠外侧 2 ～ 3 行起棱明显。腹部鳞片近方形，尖端钝，且具短的锐突。从领围到肛前鳞之间有鳞片，腹鳞为 26 ～ 31 横列。四肢较发达，贴体相向时彼此达对方掌部。四肢背面鳞片近菱形且起棱，也有粒状鳞。鼠蹊孔 1 对。趾下瓣单个或部分分开，大多数为 23 ～ 29 个。尾为体长的 2 倍以上，易自截。

◆ **生物学习性**

北草蜥生活在海拔 436 ～ 1700 米的山坡和山地草丛中。10 月下旬陆续进入冬眠，至翌年 4 月上旬出眠。冬眠时多匿藏于草根下、树根下或田埂边之土洞中，或路边石下。4 ～ 5 月常见，每日 9 ～ 15 时是活动高峰期，见于阳光照到的草丛中。夏季气温高，中午较少活动且多在背阴处觅食，受到惊扰则迅速逃遁。产卵季节为 5 ～ 8 月，每窝可产 2 ～ 6 枚卵。

北草蜥被《中国生物多样性红色名录——脊椎动物卷（2020）》评估为无危（LC）等级物种。

青海沙蜥

青海沙蜥是蜥蜴目鬣蜥科沙蜥属的一种。别称沙婆子。

◆ 地理分布

除湟水谷地外，青海沙蜥分布区几乎遍及中国青海全境；在中国甘肃分布于阿克塞哈萨克自治县、天祝藏族自治县；在中国新疆分布于且末、和田、若羌及昆仑——阿尔金山地区；在中国四川分布于阿坝州若尔盖地区。

◆ 形态特征

青海沙蜥鼻孔间隔大，鼻间鳞4～7片，背脊中央通常有一浅色的宽阔纵带，两侧各有1列黑缘白斑，但也有缺失纵带和呈现不规则背纹的个体。腹面常具大块黑斑。尾长等于或稍短于头体长，自肛孔至尾梢无黑、白相间之环纹。无腋斑。雄蜥尾梢腹面黑色，雌蜥尾的腹面黄白色而尾梢橘黄色。

◆ 生物学习性

青海沙蜥为高寒蜥种，生活于青藏高原干旱沙带，以及镶嵌在草甸草原之间的沙地和丘状高地，海拔2000～4500米。以小蝗虫、蚂蚁、甲虫、瓢虫，以及昆虫的卵、幼虫为食，尤以蚂蚁的数量较多。生理性体温调节。昼行性，穴居，4月初出蛰。夏秋季为活动季节，能进行行为性体温调节以利于自身生命活动的进行，10月中旬起逐渐进入冬眠。其祖先因青藏高原的隆升开始生活在高山地区，成为高寒蜥种，并向东扩散。天敌一般为猛禽类。卵胎生，年产1窝，窝仔数1～7。迟熟，一般需 2 ～ 3 个季节达性成熟。

◆ **价值**

青海沙蜥是青海数量最多和分布最广的优势蜥种。以昆虫为食，是荒漠生态系统食物链中重要的一环。有挖沙习性，具一定观赏性。

◆ **种群动态**

因青藏高原全年只有冷暖两季，故青海沙蜥繁殖活动季节短，冬季漫长而休眠。不同年份种群生殖率略有差异。影响因素为温度、海拔、土质、植被等。因生境被破坏，种群密度呈下降趋势，青海沙蜥已被中国列入《国家保护的有益的或者有重要经济、科学研究价值的陆生野生动物名录》，被《中国生物多样性红色名录——脊椎动物卷（2020）》评估为无危（LC）等级物种。

荒漠沙蜥

荒漠沙蜥是蜥蜴目鬣蜥科沙蜥属的一种。

◆ **地理分布**

荒漠沙蜥主要分布于中国甘肃（民勤、张掖、武威）、宁夏（中卫、平罗）和内蒙古（杭锦旗、巴彦浩特、乌拉特中后联合旗、阿拉善旗、贺兰山、额济纳旗）的腾格里沙漠等地区。

◆ **形态特征**

荒漠沙蜥成体较大，头体长 42 ～ 60 毫米，尾长 50 ～ 84 毫米。头呈心脏形，长度略小于头宽，吻端尖，眼前部斜下。背面褐黄色，背脊中央自颈到后肢部常有一浅色窄纹，两侧有 4 ～ 5 列黑色横斑，其间杂有细纹及白色圆点。

◆ 生物学习性

荒漠沙蜥栖息于海拔 1000～1500 米、气候干旱、植物稀少的地区，常见植被有柽柳科的红砂和柽柳、景天科的珍珠、白刺科的白刺、苋科梭梭等。主要取食半翅目和膜翅目昆虫及其幼虫，尤其是长蝽科和蚁科昆虫。生理性体温调节。昼行性，4 月初出蛰。夏秋季为活动季节，洞穴挖筑于向阳的沙地处，能进行行为性体温调节，10 月中旬起进入冬眠。寿命 7 岁左右。从在额济纳旗的中国、蒙古边境捕得的本蜥进行推测，应能往北分布到蒙古境内。天敌一般为猛禽类。4～6 月为交配繁殖期，8 月结束繁殖期。产卵期主要在 5～7 月。产卵数 1～7 枚，多数年产 1 次。幼蜥于 7、8 月份孵出，体长一般 50 毫米后达性成熟。

◆ 价值

荒漠沙蜥为荒漠中较为典型的优势蜥蜴，种群密度相对大，是荒漠草原及草原化荒漠害虫的天敌。有卷尾习性，具一定观赏性。可饲养。

◆ 种群动态

雄蜥生殖周期随季节变化，不同年份种群生殖率略有差异。影响因素为降水量、气温、光照时数、食物资源、植被盖度等。因生境栖息地破坏，种群密度呈下降趋势，需进行保护。荒漠沙蜥已被中国列入《国家保护的有益的或者有重要经济、科学研究价值的陆生野生动物名录》，被《中国生物多样性红色名录——脊椎动物卷（2020）》评估为无危（LC）等级物种。

多疣壁虎

多疣壁虎是蜥蜴目壁虎科壁虎属的一种。别称四脚蛇、日本守宫。

◆ **地理分布**

多疣壁虎在中国分布于山东、陕西、甘肃、四川、贵州、湖北、安徽、江苏、浙江、江西、湖南、福建及台湾等地，在国外主要分布于朝鲜南部，日本的本州、四国、九州等地。

◆ **形态特征**

多疣壁虎全长 99 ～ 149 毫米，头体长 55 ～ 68 毫米，小于尾长，吻长稍大于眼径的 2 倍。耳孔卵圆形，深陷。吻鳞长方形，宽为高的 2 倍。鼻孔位于吻鳞、第一上唇鳞、上鼻鳞及 2 ～ 3 片后鼻鳞之间，2 片上鼻鳞被 1 片圆形小鳞隔开。上唇鳞 9 ～ 13 片，下唇鳞 8 ～ 13 片。颏鳞呈五角形，颏片弧形排列，内侧 1 对大，呈长六角形；外侧 1 对小。体背负粒鳞，较小，圆锥状疣鳞显著大于粒鳞。体和四肢腹面被覆瓦状鳞，前臂及小腿背面有疣鳞。指、趾间具蹼迹，尾稍侧扁，尾基部肛疣多数每侧 3 个，雄性具肛前孔 4 ～ 8 个，多数 6 个。体背面棕灰色，深浅因栖息环境而异，多数有 1 条黑色纵纹从吻端经眼至耳孔。头及躯干背面有深褐色斑，并在颈和躯干背面

多疣壁虎

形成 5 ～ 7 条横斑，有些个体褐斑不很明显，四肢及尾背面亦具褐色横斑，尾背的横斑 6 ～ 13 条。体腹面呈淡肉色。

◆ **生物学习性**

多疣壁虎常栖息于树林、沙漠、草原及住宅区等，是昼伏夜出的动物。白天伏在壁缝、瓦檐下、橱拒背后等隐蔽的地方，夜间则出来活动，觅食各种昆虫，主食蛾类、蚊类等。会为争食而相互斗争。适宜的活动温区为 25 ～ 33℃，相对湿度 55% ～ 70%。具冬眠习性，气温降至 15℃ 以下时开始入蛰，当气温回升至 15 ～ 18℃ 时便陆续进行出蛰活动、觅食。体温能显著影响多疣壁虎的捕食、运动能力。自然条件下，其活动体温在月份间存在明显差异，但无性别和年龄间的差异。

卵生繁殖，繁殖期为 5 ～ 7 月，5 月中旬到 6 月中旬为产卵旺季，5 月捕获的雌体 55% 怀有成熟的卵。孵化期为 60 ～ 70 天，卵呈白色、圆形。多疣壁虎是性成熟相对较晚的种类，延迟性成熟可以使雌体增加生育力。此外，较大的雌体具有更高的繁殖频率。

◆ **价值**

多疣壁虎为中国传统中药材，加工后生药名为"天龙"，可用于祛风活络、散结止痛、镇惊解痉等，治疗风湿性关节痛、淋巴结核、半身不遂中风等。

◆ **保护措施**

在中国，多疣壁虎已被列入《国家保护的有益的或者有重要经济、科学研究价值的陆生野生动物名录》，被《中国生物多样性红色名录——脊椎动物卷（2020）》评估为无危（LC）等级物种。

大壁虎

大壁虎是蜥蜴目壁虎科壁虎属的一种。别称蛤蚧、仙蟾、多格、哈蟹、蛤蚧蛇、大守宫。

◆ **地理分布**

大壁虎主要生活于热带。在中国，大壁虎分布于广东、广西和云南，广西尤为多；在国外，大壁虎分布于印度、缅甸、泰国、越南、马来西亚、菲律宾、印度尼西亚等国。

◆ **形态特征**

大壁虎体粗壮，全长 224 ～ 227 毫米，头体长大于尾长，为尾长的 1.01 ～ 1.23 倍，吻长大于眼径的 2 倍。耳孔直径 3.5 ～ 6.5 毫米，为眼径的 50% ～ 81%。吻鳞略呈五角形，不接鼻孔。体背面被多角形小鳞，头部的鳞似粒鳞状。尾稍纵扁，基部每侧具 1 个或 2 ～ 3 个肛疣。生活时背面呈蓝灰色或紫灰等颜色，具砖红色及蓝色的花斑。

◆ **生物学习性**

大壁虎栖息于石壁洞缝、树洞及房舍墙壁顶部，特别喜欢栖息在有草木生长，高度几米到几十米的石山上。主要捕食各种昆虫及其幼虫，多种蛾类及白蚁等农业害虫，其中尤以鞘翅目昆虫为多，也捕食小蜗牛、蜘蛛等。尾部的皮肤环膜、椎体未骨化中隔及分节尾肌的环状肌束套接面，都成为一个个的"断面"。大壁虎一旦受到天敌追击、互相咬打、跌落地下、以大吃小、捕捉等外力作用于尾部时，就极易从这样的断点处造成断尾。从霜降日起温度低于 15℃ 开始冬眠至翌年惊蛰日起温度高于 15℃ 出蛰，冬眠期约 110 天。昼伏夜出，平常每天活动时间在 19 ～ 23 时，阴雨天则白天也出来活动。两性均鸣叫，以 "geck-ko" 二音节为一声，每次鸣叫常达 8 ～ 9 声以至 12 ～ 13 声，鸣叫时多从黄昏起到午夜止，但有时在天明前，白天则不鸣叫。

在中国西双版纳地区 5 月初开始交配，多在夜间进行。6 月产卵，7 月上旬产完。成年雌性每年产卵 4 枚左右，分批产出。雌体无护卵现象。卵的孵化时期与产卵时间、地区气温等有密切关系。卵的孵化有当年孵化及越冬孵化 2 种情况：凡是在 7 月中旬及以前产的卵，都在当年 9 月末到 10 月底孵化；而 7 月下旬及以后产的卵，则要经过越冬阶段到翌年 5 ～ 6 月才孵化。

◆ **经济价值**

据《本草纲目》记载，大壁虎的药用功能为：补肺气，益精血，定喘止咳，疗肺痈消渴，助阳道。大壁虎补肺气，定喘止咳功同人参；益阴血，助精扶赢，功同羊肉。

◆ **保护措施**

大壁虎已被《中国生物多样性红色名录——脊椎动物卷（2020）》评估为极危（CR）等级物种。可采取的保护措施有：加大宣传力度，加强保护区对大壁虎资源的保护；科学合理利用大壁虎资源；研究和掌握野生动物的生物学特性及数量消长规律，制定出科学的猎取方案，使野生动物资源能够持续地被利用；人工养殖大壁虎。

蓝尾石龙子

蓝尾石龙子是蜥蜴目石龙子科石龙子属的一种。别称四脚蛇、蓝尾四脚蛇。

◆ 地理分布

蓝尾石龙子在中国分布于北京（延庆）、天津、上海、江苏（南京）、浙江（杭州、泰顺、丽水、庆元、遂昌等地）、湖南、湖北、广东、广西、安徽、福建、四川、贵州、辽宁及台湾等地；在国外分布于越南等国。

◆ 形态特征

蓝尾石龙子为小型石龙子，体长 10 ~ 12 厘米，体色底色为黑色，并从吻端到尾巴的基部缀有金色的长条纹，长尾巴则为鲜艳而显眼的蓝绿色或铁青色。有上鼻鳞，无后鼻鳞，后颏鳞 1 片，颈鳞 1 对。股后有一团大鳞。成体褐色测纹纵纹显著，幼体背面有 5 条浅黄色纵纹，尾末端蓝色。吻高，从背面观稍窄，吻长与眼耳间距相等，上鼻鳞中等大。额鼻鳞宽大。不与吻鳞相接。鼻孔位于单枚鼻鳞的前部。后颏鳞五边形，上睫鳞 6 ~ 8 片，

蓝尾石龙子

颏鳞大，显著大于吻鳞，，颏片 3 对，耳孔卵圆形，在周围约有鳞 20 片。鼓膜深陷。体鳞平滑，覆瓦片状排列。

◆ **生物学习性**

蓝尾石龙子栖息于山区路旁、石缝或树林下溪边乱石堆杂草中，多见于有阳光照射的山坡。蓝尾石龙子为日行性蜥蜴，以蝗虫、鼠妇、蚂蚁等昆虫为主食。性成熟个体体色的两性差异显著，成年雄性体长、头长和头宽显著大于成年雌性。10月下旬开始冬眠于树下或石洞中，冬眠期约为5个月，出蛰后多在中午活动，常在石头边晒太阳，亦在枯木碎石间觅食。卵生，每次产下2枚卵。窝卵数与雌体产后状态无关，雌体主要通过增加窝卵数和卵大小来增加繁殖输出。

◆ **价值**

蓝尾石龙子捕食的多为昆虫，对农林业有益；亦可入药，有解毒、散结、行水的功效。

◆ **保护措施**

在中国，蓝尾石龙子已被《中国生物多样性红色名录——脊椎动物卷（2020）》评估为无危（LC）等级物种，还被列入《国家保护的有益的或者有重要经济、科学研究价值的陆生野生动物名录》。

中国石龙子

中国石龙子是蜥蜴目石龙子科石龙子属的一种。别称山龙子、石龙蜥、猪婆蛇、四脚蛇、山弹。

◆ **地理分布**

中国石龙子在中国广泛分布于华南、华东和西南地区，在海南和台湾亦有分布；在国外分布于越南。

◆ 形态特征

中国石龙子吻钝圆，吻长与眼耳间距约相等。吻鳞大，鼻鳞小，鼻孔位于鼻鳞中央，将鼻鳞分为前后两半。体鳞平滑，圆形，覆瓦状排列。四肢发达，前后肢贴体相向时，指（趾）端恰相遇，或不相遇，或相重叠。典型的色斑常有 5 条浅色纵线，背正中一条在头部不分叉，侧纵线由断续斑点缀连而成，背面和腹面散布浅色斑点。一般生活时成体背面橄榄色，头部棕色，颈侧及体侧红棕色，雄蜥更显著，有的体侧散布黑斑点，腹面白色。幼体背面黑灰色，鳞片边缘色较深，有 3 条浅黄色纵纹，尾部蓝色，腹面色较深。

◆ 生物学习性

中国石龙子生活于低海拔的山区、平原耕作区、住宅附近公路旁边草丛中及树林下的落叶杂草中；丘陵地区青苔和茅草丛生的路旁、低矮灌木林下和杂草茂密的地方，亦可见中国石龙子。春季以象甲、鼠妇、金龟甲、蚂蚁、刺蛾幼虫，以及金针虫、蚯蚓等为食；夏季食性更广泛，有金针虫、鼠妇、蝗虫，亦吃小蛙、蝌蚪、北草蜥仔蜥等脊椎动物。10月下旬气温持续 13℃ 以下时进入冬眠，冬眠洞穴多筑在石下、树根洞、枯木下之土洞中，洞口隐蔽、向阳，多为枯草落叶覆盖。洞室斜下，据地面 10 厘米左右，其长度仅能容纳石龙子身体，穴居洞中，头部向外。至翌年 3 月中旬至 4 月上旬气温回升至 13℃ 以上时陆续出蛰活动。夏季从清晨到傍晚均外出活动觅食，中午多见于阴凉处。秋季亦全天活动觅食，多见于田埂、路边、溪边、山坡之草丛和乱石处。产卵期为 5～7月，每次产卵 5～10 枚，孵化期约 53 天。

◆ 经济价值

中国石龙子捕食害虫，有益于农林业。中国石龙子成体去内脏加工成中药材有解毒、散结、行水的功效，鲜品去内脏洗净后同瘦肉一起蒸煮，可治小儿虚弱、疳瘦等病。

◆ 保护措施

在中国，中国石龙子已被《中国生物多样性红色名录——脊椎动物卷（2020）》评估为无危（LC）等级物种，被列入《国家保护的有益的或者有重要经济、科学研究价值的陆生野生动物名录》。

铜石龙子

铜石龙子是蜥蜴目石龙子科蜓蜥属的一种。别称印度蜓蜥、铜蜓蜥、蝘蜓、铜蜥、山龙子。

◆ 地理分布

铜石龙子在中国分布于江苏、浙江、安徽、福建、台湾、江西、河南、河北、广东、香港、广西、四川、贵州、云南、甘肃及西藏等地，在国外分布于印度、泰国及缅甸等国。

◆ 形态特征

铜石龙子体形中等，体表被覆圆鳞，覆瓦状排列，平滑无棱。背鳞几等大，环体中段鳞行多数 34 ～ 38 行，第四趾趾下瓣 16 ～ 22 枚。鼻孔位于单片鼻鳞中部，无上鼻鳞与后鼻鳞；眶上鳞 4 片，吻端不下陷。股后外侧无成团大鳞，肛前鳞 4 片，中间 1 对显著大于两侧两片。尾长为头体长的 1.5 ～ 2 倍，尾基至尾尖渐缩小成圆锥形，其腹面正中 1 行

鳞略扩大。背面古铜色，
背脊部常有 1 条断断续续
的黑脊纹，其两侧的褐色
或黑色斑点缀连成行，从
头、体侧至尾部各有 1 条
占 3～4 鳞行宽的黑色纵
带，黑纵带上缘有 1 条明

铜石龙子

显浅色窄线纹。腹面浅色无斑，四肢背面黄棕色，间杂黑色和浅色小点。
性成熟雌体大于雄体，平均体长分别为 80 毫米和 74 毫米，雄体的相对
头长大于雌体。

◆ 生物学习性

铜石龙子垂直分布在 2000 米以下的低海拔地区，生活于草原及山
地阴湿草丛、石堆中、荒石堆或有裂隙的石壁处，偶见小溪边、茶田旁。
春秋季多于中午活动，夏季多于上午或傍晚活动。以昆虫、蚯蚓和田螺
等为食。捕食昆虫中，害虫占 60%。当遇到天敌捕食时，会发生尾自切
行为，断尾会降低其运动能力和能量储存，但不影响基础代谢率。成体
的选择体温、热耐受最低温和最高温分别为 26℃、3℃和 38℃。4 月出
蛰，10 月冬眠，活动期为 7 个月。受到惊吓会跃入水中，冬眠时多隐
居于土洞中。天敌为同域共栖的赤链华游蛇、王锦蛇、虎斑颈槽蛇、
赤链蛇、红点锦蛇、乌梢蛇、灰鼠蛇、尖吻蝮及竹叶青蛇等蛇类。7 月
中旬至 8 月产仔，每窝产 3～10 只。仔蜥体长 26～32 毫米，尾长
30～44 毫米。雌体孕期气温影响仔蜥性别表型、形态、运动表现和生

长。雄体精子无单侧嵴，横切面上可见连续的致密体环或 12 个线粒体。

◆ **价值**

在中国传统医学中，铜石龙子可药用，有解毒、祛风、止痒的功能，主治风湿性关节炎、疮毒、肺痈、淋巴结核等。

◆ **保护措施**

铜石龙子已被《中国生物多样性红色名录——脊椎动物卷（2020）》评估为无危（LC）等级物种。

麻 蜥

麻蜥是有鳞目蜥蜴亚目蜥蜴科一属。又称麻蛇子、蛇狮子。

麻蜥已知约 50 种，分布于亚洲、欧洲和非洲。中国产 9 种，主要分布于东北、西北和华北，为草原和荒漠动物，个别种向东南分布到江苏和安徽北部，止于长江以北。

麻蜥体长不超过 100 毫米，尾长为头体长的 1.5 倍以上。吻较窄，吻棱不显。头顶大鳞对称排列，鼓膜大而裸露。背部全为粒鳞，腹鳞大而平滑，近方形，斜向腹中线排列；肩前方两侧至腹面有一明显的皮肤褶形成的领围，领围游离缘为较大的鳞片；尾部被覆窄长棱鳞，排列成环。指、趾下面被棱鳞，股腹面有股孔。

麻蜥栖息于平原、丘陵、河滩地、干草原、荒漠草原及戈壁滩乱石下。以昆虫及蛛形类为食。丽班麻蜥，每年 10 月冬眠，次年 4 月出蛰。卵生，5～6 月产卵于洞道内，每产 2～4 枚，卵黄白色，在自然条件下，2 个月左右孵出。幼蜥以卵齿破壳而出，体长 24～25 毫米，尾长

30毫米。

　　《中国生物多样性红色名录——脊椎动物卷（2020）》中麻蜥属的天山麻蜥被评估为濒危（EN）等级物种、网纹麻蜥被评估为易危（VU）等级物种、丽斑麻蜥和吐鲁番麻蜥被评估为近危（NT）等级物种。

第 4 章

旱獭类

旱獭类是啮齿目松鼠型亚目松鼠科非洲地松鼠亚科一属动物的统称。又称土拨鼠。为大型啮齿目动物。

◆ 种群与分布

旱獭类有 14 种，分布欧亚北部及北美；中国有 4 种旱獭，即长尾旱獭、喜马拉雅旱獭、西伯利亚旱獭、灰旱獭，分布在新疆、甘肃、青海、西藏、四川、云南和内蒙古等省、自治区。

◆ 形态特征

旱獭类动物是松鼠科中体形最大的穴居种类。成年体长在 400 毫米以上，呈现粗大矮壮，耳短而圆，尾短略微侧扁，尾长 90～250 毫米；体重 3～7 千克，前后足结实、爪粗硬，便于挖掘洞穴；前足第一趾退化，通常仅具小而扁的趾甲。头骨颅全长远大于 80 毫米；颅骨粗壮，眶上突宽大且坚硬，眶上突前缘有一凹刻；二眶上突后缘线平直，约在同一个垂直面上；矢状嵴发达，向前延伸而后分为左右两支，各与眶上突后缘相接。门齿孔短小，左右上颊齿列前部相距略宽于后部，第一上臼齿最小，且呈圆柱形。腭骨后缘中间有 1 小尖突。阴茎骨与黄鼠属类似，呈 S 形，尖端有不规则的小尖刺。

◆ **生物学习性**

旱獭类动物全具冬眠与昼行性，陆栖性、穴居；栖息高山草地，啃食优质牧草，常有冬洞、夏洞和临时洞。多为一夫一妻，家族栖居；繁殖能力弱，幼獭存活率低。

◆ **价值**

旱獭类动物的毛皮、肉和脂肪均可利用，皮毛品质好，为重要的毛皮兽，且是人类疾病的动物模型。

◆ **危害**

旱獭类动物可传播鼠疫和其他传染病以及破坏草原，4 种旱獭分布区均是中国十大鼠疫自然疫源地，是卫生与牧业的重要害鼠。

长尾旱獭

长尾旱獭是啮齿目松鼠科旱獭属一种。又称红旱獭。大型啮齿动物。

◆ **地理分布**

长尾旱獭在中国分布在新疆天山南端及帕米尔高原；在国外分布阿富汗、巴基斯坦、印度北部，哈萨克斯坦、吉尔吉斯斯坦、蒙古西部等地区。

◆ **形态特征**

长尾旱獭体形粗壮，体形略小于灰旱獭，尾较长，超体长的 1/3，近 1/2；体背面毛较长，35～45 毫米。体长 426～570 毫米，尾长 185～275 毫米，体重 4100～4600 克。被毛长而蓬散，粗糙无光泽；全身锈红色或棕黄色，体背、体侧及腹面毛色无明显差别；头顶从眉间向后至耳上，形如"黑帽"；眼下、颊部、鼻端也呈黑色，鼻端与眉间黑色毛区之间为棕黄色，眼下部及颊部毛色同头顶，口围黑色；体腹面橙色较深；尾蓬松，上面毛色似体背，下面略深，其远端 1/4 或 1/3 的毛呈褐色或深褐色或黑色。

◆ 生物学习性

长尾旱獭属山地动物，栖息在自然环境恶劣地区，其多在海拔 3500～4500 米的亚高山和高山草甸草原，栖息地十分狭窄，部分地方存在与灰旱獭或喜马拉雅旱獭重叠。长尾旱獭最适栖息地是禾本科类生长较好的草原，且土层较厚、植被丰富的河谷阶地和缓坡的坡脚，以及开阔多石地方和干燥的覆盖有矮草的悬崖状山坡等处。

长尾旱獭营家族式群居，冬洞洞道曲折而复杂，洞深可达 2～3 米，洞长多在 30 米左右，长者达 50 米以上，洞口四五个；尽端多为巢室。主要取食多种草本植物的茎叶，嗜好豆类植物，亦取食未完全成熟的种子和少量昆虫。具冬眠习性。4 月中旬开始出蛰，9 月上旬入蛰，白昼活动，每天以 7～10 时、17～20 时为两个活动高峰期。婚配制度多为一夫一妻制。繁殖能力弱，每年 1 胎，每胎 2～5 只仔，雌成獭每年仅有 52.2% 个体参与繁殖。幼獭经 3～4 年达性成熟。

◆ 价值

獭皮可制裘，獭脂肪、獭肉也可食用。

◆ 危害

长尾旱獭为鼠疫源地动物，对鼠疫细菌具较高的抗性。但长尾旱獭食量大、啃食优质牧场，獭洞及其土丘、鼠道又可造成水土流失，严重损坏草场。

喜马拉雅旱獭

喜马拉雅旱獭是啮齿目松鼠科旱獭属的一种大体形的啮齿动物。又称哈拉（藏民称梭娃）、雪猪、雪里猫、土狗。

◆ 地理分布

喜马拉雅旱獭是中国分布最广的旱獭，主要分布在西藏、青海、新疆、甘肃、四川、云南和内蒙古（阿拉善盟）的草原上。在国外，分布于克什米尔、尼泊尔、不丹和印度北部。

◆ 形态特征

喜马拉雅旱獭身长而肥大，尾短而梢端扁平，成体重 4800～5600克，体长 480～670 毫米；尾短，长 125～150 毫米；后足长 76～100毫米。眼大耳小，耳长 23～30 毫米。四肢短而粗。颈短且粗。雌鼠有 6 对乳头。鼻端到两眼及耳根的毛色暗褐至黑色，成年后显为"黑（褐）三角"；腹面毛色为草黄色，与体背面和体侧面毛色差异不明显，尾端黑色。

◆ 生物学习性

喜马拉雅旱獭多栖息在海拔 3000 米以上的青藏高原的高山草原、灌丛和山边草地上。喜栖山腰阳坡、离水源近、干燥又便于寻食警戒的地方。家族式群居，一般 3～5 只。冬洞有巢，洞口多达 15 个，洞口旁有大土丘；洞道长在 18.6～26.8 米；巢与地面相距 3 米左右；洞内多有厕所。喜马拉雅旱獭主要取食禾本科、莎草科、豆科和菊科草本植物，喜食带露珠的嫩草茎叶；日食量平均 500 克。

喜马拉雅旱獭的婚配制度为一夫一妻制，繁殖能力较弱。1 年繁殖

1 次，每年仅有 50% 雌成獭可繁殖；旱獭在出蛰不久，即可交配。4 月下旬为妊娠高峰期，妊娠期 35 天左右，产仔期在 5 ～ 6 月份；幼獭 3 年性成熟，少数 2 年可性成熟，寿命达 8 年以上。10 月中旬入蛰，入蛰前把最后洞口由里向外堵塞，进入冬眠。可见 3 代同穴现象；冬眠期 120 ～ 150 天。4 月出蛰。5 ～ 6 月密度较低，7 ～ 9 月幼獭出洞活动，密度最高，10 月进入冬眠，密度又低。白昼活动，每天的 8 ～ 9 时、16 ～ 17 时为活动高峰期，视觉和听觉发达，极为机警。

◆ **价值**

旱獭为优质毛皮兽，尾毛和针毛是制作高级画笔的上等原料，旱獭油和骨骼可入药，且旱獭也是人类多种疾病的动物模型，但可传播鼠疫，啃食优质牧草。

西伯利亚旱獭

西伯利亚旱獭是啮齿目松鼠科旱獭属一种。又称蒙古旱獭、塔尔巴干。在中国，分布于内蒙古的东北部和黑龙江的大兴安岭以西；在国外，分布于蒙古和俄罗斯。

◆ **形态特征**

西伯利亚旱獭属大体形的啮齿动物，但体形较中国其他 3 种旱獭略小。体形肥胖，头短阔，四肢粗短；耳圆短、尾短略扁平，体长 400 ～ 500 毫米；尾长 110 ～ 150 毫米，不及体长的 1/3；体重 4000 ～ 5500 克；尾长近似后足长的 2 倍。背毛黄褐，头顶毛色较暗，体背面从枕部到尾基部的一半呈白色，毛基褐色或黑褐色；腹部土黄色；

尾端锈褐色。

◆ **生物学习性**

西伯利亚旱獭多栖息在中温带的低山丘陵地区的草原地带，平均海拔 600 ～ 700 米，及海拔 1500 米以上的山区草原。喜群居，在山区多栖息在夏季牧场茂盛的山腰、坡地、丘陵地带，阳面坡獭洞稍多。

西伯利亚旱獭呈家族群落分布。具冬眠习性。冬眠洞口有明显的土丘、洞口直径 18 ～ 24 厘米，洞道长常超过 6 米，有巢室（大小为 77 厘米 ×55 厘米）且距地表 2 米以上，有厕所和盲洞，冬眠时会从洞里向外将洞口堵上，封闭洞道长度约 1 米。出蛰时，掘开主洞口或在主洞口附近新挖一垂直洞道出来。

西伯利亚旱獭主要取食禾本科和莎草科植物。生活在无水的干草原上，水分主要从植物中获取，其次从雨后草上的水和露水中获取；降水比正常年份少一半以上可导致旱獭大量死亡。出蛰后，食量为 10 ～ 50 克，夏季达 250 ～ 500 克，冬眠前可食 1000 克。白昼出洞活动，以 8 ～ 10 时、15 ～ 19 时为每天 2 个活动高峰期；活动范围在 0.5 ～ 1.0 公顷，常距洞口 20 ～ 50 米，远达 300 米。

西伯利亚旱獭婚配制度为一夫一妻制。繁殖能力弱，每年繁殖 1 次；旱獭出蛰后大约 10 天（4 月中旬）开始交配，孕期 35 ～ 40 天，5 ～ 6 月份为繁殖高峰；每胎产仔平均 5.9 只。寿命达 5 ～ 6 年，少数可达 7 ～ 9 年。幼獭 2 年可达性成熟。9 月下旬至 10 月上旬入蛰，冬眠时头尾相接、曲体而卧。冬眠时獭体温降为 5 ～ 8℃。

◆ **价值**

西伯利亚旱獭为优质的皮毛兽，旱獭油可入药。但西伯利亚旱獭可传播鼠疫；且除啃食牧草外，其洞口的土丘也破坏草场。

灰旱獭

灰旱獭是啮齿目松鼠科旱獭属一种。又称天山旱獭、阿尔泰旱獭。

◆ **地理分布**

灰旱獭在中国分布于新疆的阿勒泰和准噶尔界山，以及乌鲁木齐以西的天山山地；在国外，分布于波兰、乌克兰、俄罗斯、哈萨克斯坦、吉尔吉斯斯坦、蒙古等国家。

◆ **形态特征**

灰旱獭体形粗壮，体长 460 ～ 650 毫米；体重 4250 ～ 6500 克；尾短，尾长 90 ～ 130 毫米，不到体长的 1/4；后足长 74 ～ 99 毫米；耳长 22 ～ 30 毫米。毛长而柔软，唇周与劲下有大块白斑，腹部毛色与体背和体侧面毛色显著区别，腹面毛色为锈红色；背面毛色呈沙黄色或沙褐色。尾上面毛色与体背相似，下面毛色同腹面，尾端毛黑褐色或浅棕黄色。

◆ **生物学习性**

灰旱獭栖息在山地的高山草甸、亚高山草甸、森林草原和山地干草原中植被茂盛的地方。最适环境为山地森林草甸草原。栖息土层较厚的沟谷阳坡、坡脚或坡腰，以及林缘、林间空地和地形轻微起伏的山间小盆地和宽谷。灰旱獭是营家族群居和穴居的啮齿动物，洞群小者 30 ～ 50 平方米，大者 500 平方米；洞道直径 20 ～ 30 厘米。具冬眠习性。

3 月初至 4 月中旬出蛰，8 月末至 9 月中旬入蛰。出蛰时挖草根，取食禾本科和莎草科植物的鲜嫩茎叶及未熟种子，如羊茅、狐茅、早熟禾、野燕麦等，亦取食少量昆虫。成獭平均取食植物 500 克 / 天。白昼活动，嗅觉和视觉发达活动范围在 300 米以内。灰旱獭能游泳，30 秒可游过 8 米宽的河，顺水可游 30 米以上。灰旱獭婚配制度多数为一夫一妻制。繁殖力弱，每年繁殖 1 次，幼獭第一年内存活率 50% 左右。寿命常在 10 年左右。

◆ 价值

灰旱獭毛被致密而富有光泽，皮毛珍贵，灭菌后的獭油有助于创面愈合；还是人类多种疾病的动物模型。

◆ 危害

灰旱獭是鼠疫疫源地主要宿主，还可传播类丹毒病和森脑病毒。獭洞群、洞口土丘和跑道可造成水土流失，平均破坏了 2% 的草场，一只成獭在地面活动季节里可啃食 50 ～ 100 千克优质牧草。

第 5 章

黄鼠类

天山黄鼠

天山黄鼠是啮齿目松鼠科非洲地松鼠亚科旱獭族黄鼠属的一种鼠。

◆ 地理分布

天山黄鼠在中国分布于新疆境内尼勒克县境的喀什河南岸群吉沟至阿克吐别克一带山地（婆罗科努山南坡），以及新源、巩留、特克斯、昭苏等县南部的天山山地个别地段；在国外，分布于哈萨克斯坦和吉尔吉斯斯坦境内的西部山、伊塞克湖东南部与东北部和帕米尔—阿莱山地北部的个别地段。

◆ 形态特征

天山黄鼠体长可达 250 毫米，尾长为体长的 26.1～35.1%。后足掌裸露，只踵部被毛。体重 318～491 克；体长 208～250 毫米；尾长 60～79 毫米，后足长 37～42 毫米。头顶及前额毛色较暗，呈浅灰或灰黄色；双颊、眼周及耳周均无棕黄或棕色斑。体背毛基黑色，次端灰色，毛尖黄色或浅棕黄色，致整个体背呈灰褐—棕黄色调，沿背脊尤重。体背无淡色斑点，可见浅黄色波纹。四肢内侧、前后足背、体侧及腹面毛色均为浅黄色。尾毛蓬松，毛基浅棕黄，次端黑色，毛尖黄白，至尾的后 2/3 段形成黑色与黄白两色环。头骨宽大。眶间较宽，成体眶间宽绝大多数超过 10 毫米。前颌骨鼻吻部短而窄，取门齿孔中横线测得之宽度一般不超过 9 毫米。上臼齿列较长，其长略大于齿隙长。上下门齿唇面釉质白色，或微染乳黄色。

◆ **生物学习性**

新疆伊犁地区的天山黄鼠主要栖息于海拔 1000 ～ 1500 米的山地草原中的山前丘陵缓坡、山间小盆地，以及河谷两侧较为干燥、植被发育较好、土质疏松的地段。栖息地的植被以羽茅 – 灰蒿群丛为主。偶可见于农田附近，但数量不多。

天山黄鼠分布相对集中，多呈点斑状分布。凡越冬聚落均在阳坡地段，初夏开始扩散至毗邻的沟谷，形成阳坡沟谷组合类型的典型栖息地。洞穴有居住洞与临时洞之分。居住洞的洞口多为 1 个，个别亦有 2 ～ 3 个，洞道弯曲且长，具窝巢。临时洞较简单，无巢。夏季居住洞比较分散，多配置在植物多样而且青翠繁茂的沟谷处；冬季居住洞比较集中，多位于向阳山坡。

天山黄鼠以灰蒿和多种禾本杂草的绿色部分为食。在蝗虫密度较高地区则以蝗虫为主要食物。天山黄鼠具冬眠习性，于 3 月中、下旬开始出蛰，7 月初幼鼠分居，8 月末 9 月初开始冬眠。昼间活动，以日出后 3 ～ 4 小时、日落前 2 ～ 3 小时最为活跃。天山黄鼠于生后第二年即经过一次冬眠即达性成熟。年产一窝，妊娠期 25 ～ 27 天，每窝仔鼠多为 3 ～ 11 只。即使在交配季节和繁殖期仍是单居生活。

◆ **防治**

天山黄鼠春秋在牧场邻近河谷的农田啃食农作物，可使用磷化锌、氟乙酰胺等制成的毒饵进行防治。由于分布的地区较为局限，海拔在1000 米以上，种植的农作物相对较少，危害程度相对亦较轻。

◆ **价值**

天山黄鼠为伊犁牧区蝗虫的主要天敌，对控制蝗害具有一定作用。但洞口密度较高，每公顷可达 200 ～ 600 个，对牧草生长有一定危害。此外，其夏季弃用的冬眠洞十分密集，多为草原蝰、蝮蛇等毒蛇所占用，有助于毒蛇夏季群体的分散，蛇的存在亦控制了黄鼠的种群，对生态环境稳定有着促进作用。

赤颊黄鼠

赤颊黄鼠是啮齿目松鼠科非洲地松鼠亚科旱獭族黄鼠属的一种鼠。俗名地松鼠。为荒漠草原典型代表种和害鼠之一。在中国分布于内蒙古和新疆地区。在国外分布于蒙古及哈萨克斯坦。

◆ **形态特征**

赤颊黄鼠中等体形。体长可达 258 毫米。尾甚短。后足掌裸露，仅近踵部被以短毛。体重 217 ～ 555 克，体长 183 ～ 523 毫米，尾长30 ～ 48 毫米。体躯背面从头顶至尾基一色沙黄或一色灰黄，杂以灰黑色调。体背有黄白色波纹，或无波纹。鼻端、眼上缘、耳前上方和两颊具棕黄或铁锈色斑。体侧、颈侧、前后肢内侧、足背及腹面均为浅黄或草黄色。尾毛上下一色沙黄或淡棕黄，或背面具三色毛；毛基棕黄，次端毛黑色，毛尖黄白，呈现出不明显的黑色次端环；尾腹面双色；毛基棕黄，毛尖黄白，无黑色次端毛，只呈现黄白色环。头骨眶间较窄，成体通常不超过9毫米。吻部短而窄，取门齿孔中横线测待之宽度多小于8毫米。上臼齿列大多数标本长于齿隙。前颌骨额突较窄。听泡较短。顶骨上的2条骨脊呈钟形或铃形。上下门齿唇面的釉质白色。主要鉴别特征为耳前上方和两颊具棕黄或铁锈色斑。

◆ **生物学习性**

赤颊黄鼠栖息于低山草原、山前丘陵草原和半荒漠平原，有些地方可沿河谷上升至海拔1500米的山地草原。洞穴多散布在丘岗的阳坡坡脚、沟谷和小溪两岸。洞口直径约5厘米。居住洞之洞道总长3～5米，洞内的巢和厕所入地较深，一般在1.5米左右，分支不多，有窝巢，洞口多为1个。临时洞短浅，无巢，亦无分支。幼鼠分居时，常将临时洞改建为居住洞。冬眠洞较深，冬眠巢多在2米以下，入蛰时将冬眠洞的一段洞道封堵，以利安全越冬。1只鼠可以有5～10个临时洞和1个居住洞。

赤颊黄鼠喜食植物的绿色部分、花果、块根，在农作区亦取食麦类、豆类及苜蓿的幼嫩茎、叶。早春时多以枯草的根茎为食，尤其喜食栖息地内数量众多和生长期长的蒙古葱及多根葱，秋季亦食少量种籽，偶尔也吃鞘翅目昆虫、蜥蜴等。

赤颊黄鼠出入蛰时期与地温有关。具冬眠习性，一般多在3月中、下旬出蛰，9月末开始进入冬眠。在夏季气温较高、植物提早枯黄的地区可能存在夏蛰现象。为严格的昼间活动型动物，但以日出后3小时、日落前 3 小时这段时间最为活跃，活动半径通常不超过 50 米。

赤颊黄鼠生后第二年即达性成熟。年产一窝。繁殖期自 3 月底至 4 月底，妊娠期 25 ～ 28 天。5 月中旬至月底为产仔高峰期，至 9 月上旬产仔结束。以 4 ～ 7 只较多，多者可达 11 只，平均 6.5 只，雌成鼠怀孕率为 87.5%。

◆ 种群动态

赤颊黄鼠种群数量相对比较稳定，季节变化及空间变化不大，年际间变化也不大。

◆ 危害

赤颊黄鼠为新疆北部平原和低山牧场主要害鼠之一。在农作区，对作物生长亦构成严重危害，致使大片麦田缺苗断垄。

◆ 防治

赤颊黄鼠防治方法有机械灭鼠、化学灭鼠、生物灭鼠、生态灭鼠和综合治理等。在鼠害大发生时节，在黄兔尾鼠、大沙鼠和赤颊黄鼠分布区，新疆采用飞机进行投饵灭鼠，飞行高度 90 ～ 100 米，对定点地区采用 0.005% 的溴敌隆小麦毒饵进行投撒，灭效达 50% ～ 80%。同时，在撒饵区设置禁牧标识，撒饵起始时间和禁牧截止时间，严格禁止牲畜放牧。

阿拉善黄鼠

阿拉善黄鼠是啮齿目松鼠科黄鼠属的一种。俗称大眼贼、豆鼠子。

许多中国啮齿动物研究者认为，草原黄鼠与阿拉善黄鼠是同物异名，或者阿拉善黄鼠只是亚种分化，对阿拉善黄鼠的分类地位一直存在较大的争议。2003 年以后，有部分中外学者确认阿拉善黄鼠为独立种。

◆ **地理分布**

阿拉善黄鼠在中国分布于内蒙古西部、宁夏、甘肃西北部、新疆北部和青海等地。

◆ **形态特征**

阿拉善黄鼠体长 182～198 毫米。尾长 55～66 毫米，尾毛蓬松。头大，眼大而圆，耳壳短小，呈嵴状。前足踇趾不显著，但有小爪，其他各趾均正常，爪色黑而强壮。雌体乳头 4 对。下颌、咽喉部及眼睛周围白色，背毛沙黄色，毛尖黄色，毛基灰黑色，背毛与腹毛界线明显，在体侧中央较为平直，腹毛较背毛长，毛尖淡黄色，毛基灰黑色，尾毛上下一色，为沙黄色，无黑色环纹间隔。颅骨呈椭圆形，吻端略尖。眶上嵴基部的前端有缺口，无人字嵴。听泡的纵轴大于横轴，门齿狭扁。头骨的眶间较宽，眼眶上缘略向上拱起，且在其眶间形成马鞍形的凹陷；上门齿内侧基部无明显的门齿坑。

阿拉善黄鼠

◆ **生物学习性**

阿拉善黄鼠喜独居，洞穴分冬眠洞和临时洞 2 类。冬眠洞的洞口圆滑，直径 6 厘米左右。有些地区的洞口有小土丘，有的地区则无。洞口入地的洞道，起初斜行，而后近乎垂直，接着再斜行一段入巢。洞深多数在结冰线以下，一般为 105 ～ 180 厘米，有的深达 215 厘米以上。洞中有巢室和厕所，巢的直径可达 20 厘米。窝内絮有较为柔软的植物，有的还有羊毛等杂物。厕所常在洞口的一侧，是一个膨大的盲洞。冬眠洞是供其冬眠、产仔和哺乳时使用。临时洞的洞径 8 厘米左右，呈不规则圆形，洞道斜行，长 45 ～ 90 厘米，这类洞常为临时窜洞或因受惊扰而避难之用。阿拉善黄鼠的挖掘能力很强，一般 10 分钟内就能挖一个可容纳身体的洞穴。

阿拉善黄鼠以植物性食物为主，也吃一定比例的昆虫等动物性食物。其喜食植物的种类与环境提供的植物种类有很大关系。在内蒙古阿拉善南部地区，主要以小灌木、禾本科牧草和幼嫩杂类草，以及植物种子为食物。具冬眠习性，在阿拉善地区种群越冬个体从 10 月开始，陆续冬眠。次年 3 月中旬开始陆续出蛰，出蛰过程先雄后雌。阿拉善黄鼠是白昼活动的鼠类，每天日出开始出洞活动。一般春、秋季中午时分会出现活动高峰，夏季往往避开炎热的正午，在晨昏出现活动高峰。

阿拉善黄鼠 1 年繁殖 1 次，繁殖季节比较集中。在阿拉善地区 3 月中旬出蛰以后即进入交配期，4 月中旬可发现孕鼠，当年幼鼠最早于 6 月中旬开始出洞，大多数幼鼠在 7 月开始分居独立生活。

◆ **危害**

阿拉善黄鼠对农牧业均有不同程度的危害，主要以植物的幼嫩部分和种子为食，直接影响到植物的生长发育。春季，阿拉善黄鼠常吃草根和播下的牧草和作物种子，致使牧草不能发芽，作物缺苗断垄。夏季，植物拔节之后，咬断茎秆取食嫩枝叶，俗称"放排"，每遇干旱，危害更为严重。由于阿拉善黄鼠的挖掘活动，常造成大面积的草地退化和水土流失。它们的洞穴常挖在田边地埂，易引起田间灌水流失，甚至使堤坝溃决，引起严重水灾。对沙地造林和防护林建设有危害。阿拉善黄鼠还是鼠疫自然疫源地的主要宿主和传播者，是中国西北地区的重要鼠害之一。

◆ 防治措施

化学防治

阿拉善黄鼠出蛰后因体内脂肪大量消耗，急于觅食补充营养，此时可用溴敌隆或 C 型肉毒梭菌素等低毒毒饵进行防治。防治时间应在 4 月中旬，投放毒饵太早，阿拉善黄鼠没有大量出蛰，投放毒饵太晚，则大量草地植物萌发，影响对毒饵的取食。其次，4 月中旬正是阿拉善黄鼠求偶交配、妊娠时期，杀死 1 只鼠就等于灭掉其他时期 5 ～ 7 只阿拉善黄鼠。掌握好防治的有利时机是化学防治的重要环节。

生物防治

阿拉善黄鼠既是草原害鼠，又传播鼠疫等鼠传疾病，也是许多食肉动物的重要食物来源，应当大力开展生物灭鼠工作，利用天敌控制害鼠。加大野生动物保护宣传的力度，保护狐、鼬、猛禽等天敌动物的栖息地，恢复天敌动物数量，必要的情况下可以采取人工设置招鹰架、人工驯养狐狸放归自然等措施，最终达到生物控制的目标。

第 **6** 章

跳鼠类

巨泡五趾跳鼠

巨泡五趾跳鼠是啮齿目跳鼠科五趾跳鼠属的一种。别称跳兔子、沙跳子。

◆ 地理分布

巨泡五趾跳鼠是中国和蒙古戈壁干旱区特有种。在中国，分布于新疆准噶尔盆地东部、甘肃西北部马鬃山和河西走廊西部，内蒙古乌兰察布北部、阿拉善荒漠和狼山北部内蒙古高原地区；在蒙古，分布于扎布汗河中下游及其各戈壁地区。

◆ 形态特征

巨泡五趾跳鼠外形与五趾跳鼠相似，体长 100～140 毫米，尾长 15～19 毫米，耳长 29～37 毫米，后足长 54～65 毫米。前足 5 指；后足 5 趾。第一、第五趾的末端不达中间 3 趾的基部。足垫发达。尾端毛束发达，为白色。体背面从吻端至臀部后缘的毛呈淡棕灰色，并有不规则的灰色条纹，腹毛纯白色，体侧浅灰色，背腹部之间的毛色分界不明显。鼻骨短。颧弓后部向外扩张，成为头部的最宽部分。听泡大，左右两泡的内侧几乎完全接触。门齿垂直或略向前倾，唇部白色无沟。

◆ **生物学习性**

巨泡五趾跳鼠栖息于干旱的山前洪积砾石荒漠、低山丘陵砾石荒漠和粗沙石荒漠。其生境中常与三趾跳鼠、五趾跳鼠共栖。除繁殖期外，夏季洞一般为临时洞，比较简单，这一特点也同跳鼠觅食范围广和经常更换新居的习性有关。冬眠洞可深达 2 米以上，通常是在夏季洞的基础上挖掘而成，冬眠封堵后的洞内温度能保持在 4℃ 以上。

巨泡五趾跳鼠夜间活动。白天藏身于鼠洞内，用吻将洞内深处挖出的细沙把洞口堵掩起来，然后卧于其中呈昏睡状态。但是，在灌丛和土坡下的洞口也有敞开的情况。每当夜幕降临，开始醒来相继出洞。在旷野漫游，觅食。

巨泡五趾跳鼠以植物性食物为主的杂食性啮齿动物。具有较明显的择食性，经常采食的植物种类有冷蒿、木地肤、阿尔泰紫菀、冠芒草、小画眉草、短花针茅、无芒隐子草、葱属植物、猪毛菜及茵陈蒿等。挖吃植物的幼茎、嫩叶、草籽和昆虫等。

巨泡五趾跳鼠具冬眠习性。在内蒙古阿拉善荒漠，3月下旬出蛰后不久即进入交配期，此时雄鼠的活动十分频繁。每年繁殖 1 次，整个繁殖期较长，自4月末至7月下旬均可发现孕鼠。4～5月是跳鼠妊娠的高峰期，怀孕仔数为2～7只，常见的是3～5只。7月是大批幼鼠出洞时期，并开始分居和独自活动。

◆ **危害**

巨泡五趾跳鼠主要为害荒漠草原向草原化荒漠过渡的草场。

长耳跳鼠

长耳跳鼠是哺乳纲啮齿目跳鼠科长耳跳鼠属一种。

◆ 地理分布

长耳跳鼠主要分布于中国塔里木盆地周边荒漠地带、阿尔金山及青藏高原外围荒漠地带、阿尔泰戈壁和阿拉善戈壁地区。

◆ 形态特征

长耳跳鼠为中小型跳鼠。尾长，成体平均尾长超 150 毫米，平均体长超 70 毫米，平均体重超 24 克。耳特长，可达体长的一半，平均耳长超 40 毫米。门齿细白。上颌前臼齿发达，明显大于最后 1 枚臼齿。后肢长，具 5 趾，外侧两趾短于中间 3 趾，足下覆白色毛但不形成硬毛刷。体背毛色为棕黄色或灰黄色，毛基深灰色，毛尖棕色或褐色，头部和背中部毛色较深，腹毛灰白色，因年龄和栖息环境不同毛色有差异。尾上覆短毛，毛色与体色相似，尾端具穗，毛束呈毛笔状，毛色黑白分明。头骨较细长，鼻骨很窄。听泡膨大但小于颅骨长度的一半。眶间最窄处在额骨中部，颞乳突膨大，其后缘远超过枕大孔。雌性体形略小于雄性。雌鼠具 8 个乳头。

◆ 生物学习性

长耳跳鼠栖息生境为生长低矮灌木林或灌丛的沙砾荒漠、半荒漠中的沙丘和沙砾谷地。主要以昆虫为食，昆虫成分占其摄入食物的 95%，偶尔也取食小体形的蜥蜴和植物叶。大量捕食昆虫的特性使得它们可能影响其活动区域内的昆虫种群动态，因此在原生生态系统中具有重要地位。

长耳跳鼠具夜行性。喜欢在质地比较硬的地面活动。日落后即开始活动，随着夜间气温趋凉，活动强度开始减弱，日出前返回洞穴。其宽长的外耳可能具有特殊的集音功能，有利于发现昆虫。个体之间的通信形式仍不清楚。敏锐的听觉表明声音可能是个体之间交流通信的主要形式。

长耳跳鼠婚配制度尚不清楚。长耳跳鼠出蛰后很短时间内即开始交配繁殖。每只雌鼠 1 年可繁殖 2 次，每胎仔数 2～6 只，孕期 25～35 天。寿命为 2～3 年。春季出蛰时，种群数量是一年中的最低水平。当年第一批出生的幼鼠约 5 月开始陆续断奶离巢。种群数量从 5 月底、6 月初开始上升，8～9 月

长耳跳鼠

达到一年的最高峰，10 月上旬后进入冬眠，种群活动完全停止。肉食性是长耳跳鼠区别于其他跳鼠的重要生物学特征。

◆ **危害**

长耳跳鼠是螺杆菌致病病原的携带者，有可能向人群传播其他疾病。对植物没有明显的为害。长耳跳鼠因主要生活在荒漠地带，种群的数量不大，尚无必要防治。

三趾跳鼠

三趾跳鼠是啮齿目跳鼠科三趾跳鼠属的一种。别称跳兔、沙跳。

◆ 地理分布

三趾跳鼠在中国分布于内蒙古、陕西、宁夏、甘肃、青海及新疆及东北西部，在国外分布于伊朗至蒙古等国。

◆ 形态特征

三趾跳鼠外形与五趾跳鼠相似，但耳短。体长 120～181 毫米，尾长，比体长多 1/3，尾尖端有明显的黑白毛束。前肢短小；后肢相当发达，约为前肢长的 3 倍。后足 3 趾，第一和第五趾退化。背部及后肢外侧呈深土黄色，部分毛尖黑色。体侧为沙黄色，具白色毛基。下唇至腹部，前肢及后肢内侧皆呈纯白色。尾毛两色，背面为土黄，腹面灰白。有黑白相间的"尾穗"。头颅宽短，其后缘平直。眶上嵴不发达。听泡较小，耳孔前方部分向外突起，使其开口斜向后方，乳突部不向后伸到枕骨后方。上门齿前方黄色，中央有一浅沟。

◆ 生物学习性

三趾跳鼠栖息于地势高而干燥、地表植被稀疏，长有沙生植物的沙质土壤中。喜欢在沙蒿丛及柽柳、锦鸡儿等灌木丛间活动。昼伏夜出，黄昏后出洞觅食，白天偶尔出洞。洞穴比较简单，多筑于植被稀疏的沙质土壤、半固定沙丘或流动沙丘上。冬眠，冬眠期约 6 个月。洞道长 1.2～1.5 米，距地面深 30～60 厘米，在洞道末端扩大地方为巢室。窝巢侧方有向地面斜伸的盲道，通到地面下方，遇有险情时，由此破土逃遁。

三趾跳鼠以植物种子及幼嫩根、茎为食，亦食少量昆虫。每年6月份植物生长繁茂，食物丰盛，活动范围大，频次加强。具冬眠习性，8月下旬以后，大量觅食，积蓄体内脂肪，以备蛰眠期耗损，活动极为频繁。三趾跳鼠1年繁殖1胎，怀孕期约28天，每胎产仔2～5只。

◆ **危害**

三趾跳鼠在草场盗食沙蒿、柠条等固沙植物种子及其幼苗，严重损害沙地植被，破坏固沙造林；在农区，啃食农作物幼苗，盗食瓜类。

第 **7** 章
熊类

黑　熊

黑熊是哺乳纲食肉目熊科熊属的一种。又称亚洲黑熊、月熊。

◆ **地理分布**

黑熊广泛分布于东亚、东南亚与南亚，以及接近大陆的大型岛屿。在中国，分布于东北、华中、华东、华南、西南的大片区域以及台湾岛和海南岛。分布区片段化严重，海南岛种群近于绝迹。

◆ **形态特征**

黑熊为中等体形的熊科动物，体长 116 ～ 175 厘米，体重 60 ～ 240 千克。身体结实壮硕，四肢较短但强壮有力，具宽大的足掌与长爪，双耳较圆。尾巴较短甚不显眼。整体毛色深黑，头吻部灰黑色至棕黑色，胸部具有一个显眼的"V"形

黑熊幼仔

或半弧形前色斑，呈白色或米黄色；因其形状近似新月，也被称为月熊。胸部浅色斑的大小与形状具有个体特异性，可用作个体识别的标志。成年个体颈部具有浓密的黑色长毛，形成一圈或两个半圆形明显的鬃毛丛，使得其颈部显得十分粗壮。

◆ 生物学习性

黑熊能利用多种森林生境，既包括阔叶林也包括针叶林，活动的海拔跨度可从接近海平面处上至4300米，偶尔出现在高海拔的开阔草甸。视力较弱而嗅觉发达，具有灵活的爬树能力。黑熊为杂食性机会主义者，适应性强，食谱可随季节和食物资源的不同而改变。广泛取食植物枝叶、根茎、果实、竹笋以及各种无脊椎动物和脊椎动物，在活动区域内留下大量的取食痕迹。阔叶林中结实的乔木坚果在其秋季的营养摄入中具有重要作用，可帮助黑熊积累足够的脂肪用于越冬。当遇到大型野生兽类的尸体或残骸时，也会食腐。

黑熊喜食蜂蜜，会搜寻野生蜂巢或破坏人工蜂箱取食。在蚁巢密集地区，喜翻找蚁巢取食蚂蚁与蚁卵。偶尔捕食家畜。此外，还经常进入农田取食农作物，给当地居民造成可观的作物损失，从而引起严重的人熊冲突。在温带或高海拔气候寒冷地区，冬季食物资源匮乏时，雌雄个体均会寻找岩洞、岩缝、岩窝或树洞进行冬眠。最早可在10月下旬进洞，最晚在5月上旬复苏。在冬季气温相对温和的地区，成年雄性个体可以在整个冬季保持活动状态。

黑熊营独居，6～7月发情，母兽12月至次年3月间在冬眠洞穴中产仔。雌性个体4～5岁时首次生育，之后平均每2年产1胎，每胎通常 1 ～ 3 仔。带仔的母熊极具攻击性。幼仔跟随母兽至 1 ～ 1.5 岁然后独立生活。

◆ **濒危原因**

栖息地丧失和片段化是野生黑熊种群面临的主要威胁和致危因素。非法捕猎（偷猎）是另一关键威胁。黑熊是其分布区内大型兽类中被偷猎的主要对象之一，偷猎分子以获取熊肉、熊掌用于非法野味贸易，以及获取其身体器官（如熊胆、熊油）用于传统医药行业。在人熊冲突频发的地区，报复性猎杀及毒杀也非常普遍。

◆ **保护措施**

黑熊已被中国列为国家二级保护野生动物，被《中国生物多样性红色名录——脊椎动物卷（2020）》《世界自然保护联盟濒危物种红色名录》评估为易危（VU）等级物种，被《濒危野生动植物种国际贸易公约》（CITES）列入附录一中。

美洲黑熊

美洲黑熊是哺乳纲食肉目熊科熊属的一种。

◆ **地理分布**

美洲黑熊分布区遍及北美洲和其西海岸的一些岛屿，涉及国家有加拿大、美国和墨西哥。美洲黑熊是北美洲常见的体形最小的熊科动物。

◆ **形态特征**

美洲黑熊头体长 120 ～ 190 厘米，肩高 70 ～ 100 厘米，雄性体重 60 ～ 225 千克，雌性体重 40 ～ 150 千克。作为全球种群数量最大的熊，美洲黑熊具有最典型的熊科动物的特征：头较圆，耳朵圆而小，眼较小，四肢粗壮，有不能伸缩的爪，尾短。相比于俗名，其毛色则显示出很高的多样化，不仅不同区域的种群之间都显示出颜色的差异，即使在同一胎出生的不同个体之间也可以有不同的毛色。在北美洲的东部，绝大部分是黑色的或者深棕色，而西海岸种群的毛色从黑色到深棕色、红棕色和浅棕色均有发现，在大西洋沿岸的一些种群有灰蓝色，在加拿大的不列颠哥伦比亚省还发现大约10%的个体是纯白色的。通常认为这些毛色的差异与其生活环境相关。

美洲黑熊中有毛色与棕熊相同且分布区临近的个体，分辨这2个物种的特征主要有：①头部的形状。黑熊从眉骨到吻部的末端几乎是一条直线。②背部没有棕熊那样的隆起。③爪没有棕熊那么长。这些差异显示出黑熊更加适应攀爬而不是挖掘。美洲黑熊与黑熊的差别，除毛色之外，重要的是颈部两侧的毛没有那么长，即使黑色的个体大部分颈部没

美洲黑熊

有月牙形的白色区域。

◆ **生物学习性**

美洲黑熊是温带和北方森林类型的动物，广泛的分布区域还涉及亚热带的森林（如美国佛罗里达和墨西哥的分布区），以及亚寒带地区。其他极端的栖息地还有干旱的墨西哥沙漠地区、路易斯安那的沼泽、阿拉斯加的季节性雨林和拉布拉多的苔原。海拔范围从海平面一直到3500 米。

美洲黑熊昼夜都可以活动，但更喜欢夜间取食。同其他熊类一样，它们在食物上是机会主义者，取食种类取决于地点和季节。在大部分情况下食物以植物为主，包括根、芽、坚果和浆果。在一些区域也可以捕食（如加拿大北部的黑熊）小型哺乳类甚至驯鹿。随着人类定居范围的扩大，更多的美洲黑熊开始适应于利用与人类相关的食物，包括垃圾、鸟类的喂食器、农产品和蜂箱等。

美洲黑熊通常行动缓慢，但是在某些情况下可以快速地移动，还可以很好地爬树和游泳。在不同地区的巢域面积相差很大，小到 5 平方千米，大到苔原地区的 1000 平方千米。个体巢域之间经常重叠，在部分季节会发生领域保卫的行为。通常独居，在一些季节部分区域食物高度丰富的情况下，会发生集群取食的情况。

在较高纬度地区，美洲黑熊冬眠时长可达 7 个月。在冬眠期间，美洲黑熊降低代谢水平，包括呼吸频率、心跳频率和体温，依靠自身储存的脂肪为生。在更为温暖的低纬度地区，美洲黑熊冬眠时间较短，甚至南方种群全年都是活动的。无论是否冬眠，产仔和抚育幼仔都需要洞穴，洞穴的种类也是多样的，比如在地上或者雪上挖洞，利用树洞，或者在树下建洞穴。

美洲黑熊繁殖交配季节在 6 ～ 7 月，但是受精卵的着床则延迟到 11 月份，之后胚胎经过 10 周的发育，幼仔在 1 月份出生，窝仔数最多可以达 6 个。在 6 ～ 8 个月的哺乳期结束后，幼仔和母亲继续生活 9 个月，一起度过下一个冬眠期才独立离开，之后在 4 ～ 5 岁时达性成熟后参与繁殖，在野外寿命通常 25 岁左右。

◆ 种群状况

美洲黑熊包括 16 个亚种，仅种群数量就超出了另外 7 个熊科物种数量总和的 2 倍，是唯一没有受到威胁的熊科物种。据统计，加拿大的美洲黑熊数量在 45 万只左右；美国除阿拉斯加以外的地区，数量超过 30 万只，阿拉斯加地区有 10 万～ 20 万只。因此，在这一区域的总数量为 85 万～ 95 万只。墨西哥没有相应的数据，但是对局部区域的研究表明，至少部分区域种群数量有上升的趋势。

整体来说，美洲黑熊没有受到威胁，在美国和加拿大的多数地区都是在法律规定下的狩猎动物，每年狩猎的数量为 4 万～ 5 万只。墨西哥仍然禁止对美洲黑熊的狩猎活动。但是一些小的被隔离的种群受到了局部灭绝的危险。比如美国佛罗里达西部的一个小种群，加拿大安大略省一个半岛上的小种群，都存在灭绝风险。加拿大魁北克的一个岛上的种群则因为白尾鹿的引入，消耗了非洲黑熊赖以生存的重要食物资源而消失了。更多这样的小种群存在于北美洲的南部，它们在一些自然或人为造成的偶然事件下更容易发生灭绝。

人与黑熊之间的冲突从欧洲第一批殖民者到达北美洲之后从未停止过。开始是生存空间的竞争，进而是黑熊作为食物上的广谱适应者，越来越喜欢接近人的食物，接近垃圾桶、农田、蜂箱和家畜，这些接触导致了人类因为保卫自身安全或者报复而产生的猎杀。尤其在自然食物匮乏的年份这些冲突更加明显。直到今天，非洲黑熊种群对农作物和家畜，甚至人身安全的威胁仍然存在。

◆ **保护**

非洲黑熊在《世界自然保护联盟濒危物种红色名录》上被列为较少关注（LC）等级物种，被《濒危野生动植物种国际贸易公约》（CITES）列入附录二中，其原因是为保护其他濒危熊类动物，尤其是亚洲黑熊，避免在国际贸易执法的过程中造成因为物种分辨困难带来的困扰。

尽管种群数量处于安全的程度，但是历史上这个物种曾经面临困境。欧洲殖民者来到美洲大陆之初，对自然资源的无序利用，包括栖息地的破坏和过度猎杀，造成了美洲黑熊数量的快速下降，在20世纪初期达到了低谷。之后，随着保护措施的实施和栖息地的恢复，种群逐渐上升，到80年代种群恢复更加迅速。

在美国和加拿大，黑熊种群由各个州或省自行管理，在大部分地区作为狩猎物种可以被合法规范地狩猎，并且在这个过程中可以严密监测种群动态，根据最新的信息实时调整管理策略，以保证种群得以持续。各种类型保护地的建立阻止了栖息地的丧失和退化。此外，将一些个体重新引入到那些濒危的小种群，可以起到种群复壮的作用，但是这种做法存在争议，认为这样无法保持原有种群的遗传特性。

在墨西哥，美洲黑熊仍然是濒危物种，被禁止狩猎，并且为之建立了保护区。在路易斯安那，被隔离的黑熊种群也被列入濒危动物保护行动中。美国南部的几个州的政府机构、联邦机构、非政府组织和个人，共同开展了针对黑熊保护的栖息地恢复和公众教育活动。

棕　熊

棕熊是哺乳纲食肉目熊科熊属的一种。又称马熊、灰熊。

◆ **地理分布**

棕熊为分布范围最广的熊科动物，广泛分布于北半球各大陆，包括北美洲、亚洲与欧洲的北部。在中国，棕熊主要分布于东北与青藏高原，以及帕米尔高原、天山、蒙古高原局部，种群密度较低。

◆ **形态特征**

棕熊为体形壮硕的熊科动物，雌性体长 140 ～ 228 厘米，体重

棕熊

55 ～ 277 千克；雄性体长 160 ～ 280 厘米，体重 135 ～ 725 千克。头部硕大，吻部较长，具宽大的足掌与长爪。尾巴较短，甚不显眼。被毛浓密，整体毛色多变，包括深棕色、棕红色、浅棕黄色及灰色等。通常四肢色深，而身体和头部稍浅。在中国西部尤其是青藏高原分布的棕熊中，部分个体颈部一周有白色或污黄色的浅色带，并会延伸至肩部和胸部，但尺寸变化很大，在部分个体中甚至完全缺失。肩部具有发达的肌肉，使得其肩部外观高高隆起。

◆ **生物学习性**

棕熊栖息于多种生境中，包括森林、灌丛、苔原、草原、亚高山山地、高寒荒漠与半荒漠等，在熊科动物中具有最广泛的生境适应能力。棕熊活动的海拔跨度可从海平面上至 5000 米。具冬眠习性，食性随着地域、栖息地类型、季节的不同而具有很大的变化。食谱中包含相当比例的植物成分，包括各类草本植物茎叶、植物球茎、块茎、储藏根、果实等。会捕食马鹿、驯鹿等大型有蹄类猎物，但鼠兔、旱獭、鱼类、昆虫等小型动物也是其常见的食物。也经常掠夺雪豹、狼等其他食肉动物捕杀的有蹄类猎物，或食腐。棕熊营独居，一般在 10 月末开始冬眠，然后在次年 5 月初复苏。

棕熊具有广大的活动范围，通常雄性个体的家域面积大于雌性。青藏高原的已有研究显示，成年雄性个体的活动区域面积达 7000 平方千米以上；而在加拿大北极地区，成年雄性个体的活动区域面积达 8000 平方千米以上。偶见棕熊攻击人类致残甚至致死的记录。青藏高原上棕熊与人之间低烈度的人熊冲突事件不断增长，棕熊会破门翻窗进入无人的房屋搜寻食物，偶尔也会捕杀家畜。在圈养与野生状态下，棕熊均可与北极熊发生杂交，但较为罕见。通常在 5 月初至 7 月间交配，但母熊体内的胚胎则延迟到 10 ～ 11 月才着床，然后在冬眠期间产仔。雌性在 4.5 ～ 7 岁首次生育，平均每 2 年 1 胎，每胎 1 ～ 3（平均 2）仔。带仔的母熊极具攻击性。

◆ **濒危原因**

栖息地丧失和非法捕猎（偷猎）是野生棕熊种群面临的主要威胁和致危因素。在欧洲南部、中亚、北美洲南部的部分地区，由于人类历史活动影响，当地的棕熊种群已局域灭绝。在人熊冲突频发的地区，报复性猎杀及毒杀也非常普遍。

◆ **保护措施**

在中国，棕熊已被列为国家二级保护野生动物，并被《中国生物多样性红色名录——脊椎动物卷（2020）》评估为易危（VU）等级物种；在国际上，被《世界自然保护联盟濒危物种红色名录》评定为低危（LC）等级物种，被《濒危野生动植物种国际贸易公约》（CITES）列入附录一中。

北极熊

北极熊是哺乳纲食肉目熊科熊属的一种。因分布区域在北极圈内而得名。

◆ **分布**

北极熊主要活动区是北极地区的海洋环境，因此被认为是一种海洋哺乳动物。分布最北的记录在北纬88°，南部边界主要取决于浮冰的分布。分布涉及北极圈周边的国家，包括加拿大、挪威、俄罗斯、丹麦、美国和冰岛。

◆ **形态特征**

北极熊是现存体形最大的食肉动物。雄性头体长240～260厘米，体重300～600千克；雌性头体长190～210厘米，体重200～400千克。普遍肩高可达160厘米，尾长8～13厘米。毛很密，纯白色，换毛后夏季有时呈现发黄的颜色，有时因为季节和光照的原因还可能呈现灰色甚至棕色。相比于其他熊科动物，头的比例小，颈部明显更长。前掌较大呈船桨状，适应游泳，但脚趾之间没有璞。较长且强壮的爪可以产生"冰镐"的作用，掌上有凹凸结构可以产生"吸盘"的作用，两者都可以提高动物在冰上行走时的稳定性。

北极熊

◆ 生物学习性

北极熊最适宜的栖息地类型是陆地海岸线或者岛屿周边的海冰或者浮冰，因为这些区域有大量的主要食物物种——环斑海豹。在夏季海冰减少的时候，也会有较大数量的个体聚集到陆地上。

北极熊主要食物是环斑海豹，另外还有髯海豹。超强的嗅觉能力能够让它们在 1 千米以外探测到躲在冰雪下面的猎物，然后在食物浮出水面换气的时候进行捕猎，有时也会在海豹育幼的洞穴中捕猎。在食物充足的时候，可以在短时间内大量进食并储存能量，而一旦食物缺乏，无论什么季节，又可以很快地转入类似于冬眠的状态，降低代谢率。有研究显示，在海冰融化食物匮乏的情况下，怀孕的母熊可以 8 个月不进食，而依赖体内储存的脂肪。一些个体在取食上也会采取机会主义策略。海象、白鲸、独角鲸、水禽都可以通过捕食或者食腐的过程成为北极熊的食物。也会取食植物。除交配季节和母幼家庭的状态下，北极熊在一年的大部分时间里营独居生活。它们的巢域面积差异很大，从数百到数万平方千米不等。个体间巢域重叠很大。

北极熊交配季节是每年的 3 月下旬到 5 月下旬。在这期间，雌性个体必须与同伴多次交配以保证成功受精，所以雌雄个体在一起会保持一到两周的时间。雌性个体也有可能在一个季节与多个雄性个体交配。与很多熊科动物一样，北极熊的受精卵会延迟着床，着床时间在每年的 9 月中旬到 10 月中旬，经过 2～3 个月，幼仔在冰雪覆盖下的洞穴里出生。2/3 的情况一胎生 2 只幼仔，其余情况下是 1 只或者 3 只。母亲与幼仔共同生活 2.5 年。幼仔独立后雌性个体再次交配繁殖。因此雌性的繁殖间隔至少为 3 年，导致雄性个体在繁殖方面面临更大竞争压力，需要很大的活动范围，可以随着浮冰迁移上千千米。尽管繁殖率较低，但是寿命较长，野外有记录到寿命超过 30 岁的个体。

◆ **种群状况**

生态学和遗传学研究结果表明，北极熊分布全境可以划分成 19 个局域种群。这些地方种群之间的个体交流有限，但是没有任何数据显示这其中有被分隔出来的独立小种群，全境仍然是一个种群。尽管种群调查和统计的技术日渐成熟，但是由于北极熊的密度很低，准确获得全面的种群数量信息的代价十分昂贵。根据现有的针对各个地方种群研究信息的汇总，认为 2014 年全球北极熊种群数量在 2.2 万～ 3.1 万只（95% 的置信区间）。而各个局域种群数量的变化趋势各异，有 1 个局域种群显示了上升的趋势，有 6 个局域种群稳定，还有 3 个局域种群数量下降。其余 9 个种群信息不足以做出评估。研究还显示各个局域种群的变化趋势是相互独立的。

北极熊面临的威胁包括污染、偷猎、工业开发和气候变化。不可分解的有机污染物通过富集作用已经对其造成了威胁，导致其抗病力的下降和繁殖成功率的下降。北极熊一直是北极圈周边土著居民传统的狩猎资源，从 20 世纪初开始的商业狩猎曾经伤及野外种群，这种情况一直持续到 1972 年。另外，在气候变暖的年份和地区，以及多雪的年份，北极熊的捕食都会受到影响。

◆ **保护措施**

基于种群现状和面临的威胁，北极熊已被《世界自然保护联盟濒危物种红色名录》列为易危（VU）等级物种，《濒危野生动植物种国际贸易公约》（CITES）将其列入附录二中，其活体和相关制品的国际贸易受到监管。

二十世纪六七十年代，加拿大、美国、挪威、丹麦和苏联 5 个国家共同签署了《北极熊保护协定》，一致同意禁止无序的北极熊狩猎，禁止使用飞机或者破冰船狩猎北极熊，同时要求每个国家采取措施保护冬眠穴居地和迁移路线，以及在科学研究上充分交流分享信息。21 世纪以来，通过对北极熊种群恢复的评估，可以评价这是野生动物保护国际合作最早的和最成功的案例。

$$\overset{\text{第}}{\underset{}{8}}\overset{\text{章}}{}$$

貉类

貉

貉是哺乳纲食肉目犬科貉属的一种。又称貉子、狸。

◆ **地理分布**

貉自然分布在亚洲东部，中国是其主要分布区，在越南北部、俄罗斯远东地区、朝鲜半岛和日本也有分布。欧洲于 20 世纪初引种，已在多国形成野生种群。全球有 5 个亚种，中国有 3 个亚种。中国东北地区一直有人工饲养貉的记录。

◆ **形态特征**

貉体形小，躯干长、腿极短，外形似狐但比狐小。躯体肥壮，体态矮粗。体长 45 ～ 66 厘米，尾长 16 ～ 22 厘米，尾长小于体长的 1/3，尾粗而短，有蓬松的毛，体重 3 ～ 6 千克。前额和鼻吻部白色，眼周黑色。吻部覆盖短毛发。耳短，

貉

具略凸出毛发。颊部覆有蓬松的长毛，形成环状领，胸部暗棕色或黑色，腹部黄棕色，腿和足暗褐色。背部和尾部的毛尖黑色，背毛浅棕灰色，混有黑色。体侧毛色较浅。头骨轮廓扁平，鼻骨较尖锐，有骤然的凹陷。爪粗短，不能伸缩，足迹成对排列如小链状。

◆ **生物学习性**

貉栖息于兼跨亚寒带到亚热带地区的平原、丘陵及部分山地。多见于河谷、草原和靠近河川、溪流、湖沼附近的丛林中。行动不如豺、狐敏捷，性情较温驯，叫声低沉。分布于北部的貉，冬季有类似于棕熊的非持续性冬眠现象，往往在天气较暖和的时候醒来活动，这一现象是貉特有的。常利用其他动物的废弃旧洞或营巢于石隙、树洞中。

貉一般白昼匿于洞中，夜间出来活动。夏季居于阴凉的石穴中，其他季节除产仔外，一般不利用洞穴，而躲在距洞穴不远的地方。貉喜在有丰盛林下层特别是蕨类植物的林地中觅食，食物包括两栖动物、软体动物、昆虫、鱼类、小型哺乳动物、鸟类和卵、果实和谷物，其中啮齿类所占比例很大；但比其他多数犬科动物更依赖植物，可吃植物的根、茎、叶、芽、浆果、种子和坚果。家域范围 5 ～ 10 平方千米，有固定的排泄场所。行一夫一妻制，组建永久的繁殖对，冬季繁殖，2 ～ 3 月发情，在 1 个发情期内可多次交配，4 月下旬到 5 月上中旬产仔，幼仔 9 ～ 10 个月性成熟。一般独居，但有时 5 ～ 6 只成群以家庭群生活和觅食。

◆ **种群动态**

原产东亚的貉，在 1928 ～ 1958 年被引入 76 个国家和地区，后来又被引入包括芬兰、俄罗斯等在内的许多国家，形成现在遍布芬兰、法国、罗马尼亚、意大利、瑞士、挪威、德国、丹麦和瑞典等地的格局。在其中一些引进貉的国家中，如瑞典、匈牙利，对貉的狩猎全年都是合法的；在芬兰、白俄罗斯、日本，只在指定的季节允许狩猎。毛皮贸易的盛行加剧了人类对貉的狩猎程度，此外人类城市化发展带来的生境恶化、人类过度干扰等，导致貉的种群数量出现下降。

人类捕杀、生境恶化等只是貉种群数量变化的部分原因。在野外，狼及金雕等天敌对貉的捕猎也是其种群变动的一大原因，如在俄罗斯西南部，狼捕食貉占到其总体死亡数量的 55.6%，而在俄罗斯西北部，死亡率高达 64%。此外，狐与貉在食物资源上产生竞争，造成二者之间的冲突也是影响貉的种群数量的原因。

◆ **保护措施**

虽然貉的种群数量受多方面的影响而有所波动，但是世界自然保护联盟（IUCN）（2014）对貉种群的数量的评估为无危（LC），且未被《濒危野生动植物种国际贸易公约》（CITES）列入禁止贸易名录。在中国，貉为国家二级保护野生动物，被《中国生物多样性红色名录——脊椎动物卷（2020）》评估为近危（NT）等级物种；且已被列入《国家保护的有益的或者有重要经济、科学研究价值的陆生野生动物名录》。在中国采取人工饲养及在日本建立的保护区等是保护貉的手段之一，但由于貉是重要的皮毛兽，各地大量饲养，有逃逸个体在城市、郊野建立种群，而由此带来的保护生物学、人畜共患病以及动物伦理问题需要被持续关注。

◆ 危害

时有关于在城郊结合处貉捕食家养动物及公路上发现貉尸体的报道。由于貉在野外是疥疮、犬瘟热病毒、绦虫等多种寄生虫及病菌的携带者，其在城郊结合处与家禽或是人类的接触有可能增加了貉将其所携带的疾病传播给人类的概率。在欧洲，貉也是人类患狂犬病的重要传播来源之一。在日本，貉是多房棘球绦虫的自然终末宿主，与其接触增加了棘球蚴病感染人类的风险。

第9章 獾类

狗獾

狗獾是哺乳纲食肉目鼬科獾属的一种。别称欧亚獾。广泛分布于欧亚大陆，在中国主要分布于东北、西北、华南及中南等地区。有亚洲狗獾、欧洲狗獾、日本狗獾和西南亚狗獾4种。

◆ 形态特征

狗獾体重10～12千克，体长45～55厘米。头扁，鼻尖，耳短，颈短粗，尾巴较短，四肢短而粗壮，爪有力适于掘土，经常在洞里生活。背毛硬而密，基部为白色，近末端的一段为黑褐色，毛尖白色，体侧白色毛较多。头部有白色纵纹3条，面颊两侧各1条，中央1条由鼻尖到头顶。

狗獾

下颌、喉部、腹部以及四肢呈棕黑色。

◆ **生物学习性**

狗獾多栖息在丛林、荒山、溪流湖泊及山坡丘陵的灌木丛中。依靠灵敏的嗅觉，拱食各种植物的根茎，也吃蚯蚓和地下的昆虫幼虫，或者在溪边捕食青蛙和螃蟹，或者在灌木丛中捕捉老鼠，甚至吃动物腐烂的尸体。狗獾为群居动物，1 个洞穴内居住 10 只左右。具夜行性，且具冬眠习性，在秋季积累大量脂肪，11 月入洞冬眠，第二年 3 月出洞。1 ～ 2 岁性成熟，妊娠期 230 天左右，每胎产 3 ～ 4 仔。幼仔约 35 日龄睁开眼睛。经过 5 ～ 6 个月的生长发育，秋末冬初时幼仔基本长大。

◆ **价值**

狗獾是皮用、毛用、肉用及药用兼具的珍贵野生经济动物。狗獾皮是经济价值较高的皮毛，其皮革制品美丽大方，色彩艳丽，是制作高级裘皮服装的原料。狗獾毛为三色毛，两端白色中间黑棕色，毛杆粗细适中，弹性好，耐磨，制成女性大衣漂亮美观，是皮革抢手货。狗獾毛还可制作高级胡刷和油画笔。狗獾肉可食，味道鲜美，营养丰富，是席上的佳肴。狗獾油是由狗獾的脂肪提取的油脂，是治疗烫伤、烧伤的有效药物。自 20 世纪 90 年代起，中国北方开始狗獾驯养繁殖工作，家养繁殖取得成功，成为经济用途狗獾的主要来源。

亚洲狗獾已被《中国生物多样性红色名录——脊椎动物卷（2020）》评估为近危（NT）等级物种。

第10章
两栖类

中华蟾蜍

中华蟾蜍是两栖纲无尾目蟾蜍科蟾蜍属的一种。别称癞肚子、癞疙疱、癞蛤蟆。

◆ 地理分布

中华蟾蜍在中国分布于黑龙江、辽宁、吉林、河北、北京、天津、山东、山西、陕西、内蒙古、青海、甘肃、宁夏、四川、重庆、云南、贵州、湖北、安徽、江苏、上海、浙江、江西、湖南、福建、广东、广西等地，在国外分布于俄罗斯和朝鲜。

◆ 分类

中华蟾蜍的亚种一直存在争议，部分学者将其分为 3 个亚种，即中华蟾蜍华西亚种、中华蟾蜍指名亚种和中华蟾蜍岷山亚种；也有学者认为这是 3 个独立的种。

◆ 形态特征

中华蟾蜍体形中等，雌蟾较雄蟾大，雄蟾体长 53 ～ 106 毫米，雌蟾体长 72 ～ 121 毫米。头宽大于头长。吻端圆。头部无骨质棱脊。瞳孔横椭圆形。耳后腺大，多为长圆形，几乎与眼相连。上颌无齿，无犁骨齿。皮肤粗糙，有不同形状的瘰粒，大者多为圆形。后肢粗短，前伸贴体时胫跗关节达肩后，无股后腺。趾侧缘膜显著，第四趾具半蹼。体背面颜色变异颇大，多为棕黑色、棕褐色、棕黄色、墨绿色、黄褐色等，其上或多或少有斑点。体侧色较深，有的个体形成纵带纹。腹面多为乳黄色、浅黄色、黄棕色，常有黑色或棕色花斑。雄蟾内侧 3 指有黑色刺状婚垫，无声囊。

◆ 生物学习性

中华蟾蜍栖息于不同海拔的多种生境中，其生存海拔上限约为 3700 米。除冬眠和繁殖期栖息于水中外，多在陆地草丛、地边、山坡石下或土穴等潮湿环境中栖息。黄昏后出外活动捕食，食性较广，以昆虫、蜗牛、蚯蚓及其他小动物为食。中华蟾蜍的食性因所在环境及不同的季节有所差异。

中华蟾蜍为变温动物，当气温降低时会进入水中或松软的泥沙中冬眠，翌年出蛰（南方早，北方晚），随后进入繁殖期，在繁殖期雄蟾和雌蟾配对时，雄蟾前肢抱握在雌蟾的腋胸部位，在水塘静水中或岸边缓流处产卵，卵径 2 毫米左右，在圆管状胶质卵带内呈双行或 4 行交错排列。中华蟾蜍孵化幼体为蝌蚪，成群生活于水塘内，以藻类和腐殖质为食。

◆ 价值

中华蟾蜍在中国遍布于各种生境内，能大量捕食危害农作物、树木、牧草、建筑木材和人类健康的有害动物，如蝼蛄、椿象、玉米螟、象甲、蝗虫、棉铃虫等。中华蟾蜍及其皮肤腺分泌物的加工制成品——蟾酥，为中国传统中药材，临床应用颇广，也是教学、科研常用的材料。

牛　蛙

牛蛙是两栖纲无尾目蛙科蛙属一种大型食用蛙。因雄蛙咽喉部皮肤金黄色，有声囊，叫声似牛鸣，故名。牛蛙原产北美洲，后被引入世界其他国家。20 世纪 30 ～ 70 年代引入中国。

◆ 形态特征

牛蛙体形庞大。头部宽扁。口端位。吻端尖圆而面钝。眼球外突，分上下 2 部分，下眼皮上的瞬膜可控制眼睛闭合。四肢粗壮，有黑色条纹。前肢较短，无蹼，后肢较长，趾间有蹼，适于游泳。背部皮肤粗糙，富有腺体，能分泌黏液，保持湿润。肤色会随环境变化而改变，多体表绿色或棕色，腹部白色至淡黄色。雌蛙咽喉部皮肤灰白色，无声囊。

◆ 生物学习性

牛蛙多栖息于湖泊、小溪、池塘等水流缓慢、水草繁茂的水体中。喜群居，听觉灵敏，伺机捕食。牛蛙为变温动物，气温降低到 10℃ 时潜入水底污泥或潮湿泥土层中越冬。动物食性，但在蝌蚪期摄食植物性饵料，变态后只摄取活动饵料，如昆虫、蚯蚓、螺、蚌、小鱼、小蛙等。人工养殖时投喂人工饲料或昆虫、小鱼虾等活饵。

牛蛙生长过程包括受精卵、蝌蚪、幼蛙和成蛙 4 个阶段。不同地区因气温和水温的不同，蝌蚪的生长速度及变态时间也不相同。成蛙生长主要是身体重量的增加，在气候适宜、食物充足的情况下，牛蛙生长速度快，平均每月可增重 50 克左右。饲养 5 个月的牛蛙个体即可长成 250 克左右的商品蛙。冬季温度降至 10℃ 以下，牛蛙大多停止生长，处于休眠状态。雌性 2 龄性成熟，雄性 1 龄性成熟。春季繁殖，气温 17 ～ 18℃ 以上即可产卵。雌蛙产卵 2 万～ 6 万粒，为一次性产卵。一般早晨产卵，雌雄抱对产卵，体外受精，卵产于水中。卵呈圆形，卵块直径 30 ～ 40 厘米。现多采用人工孵化，每平方米孵化 5000 ～ 10000 粒。孵化温度 20 ～ 30℃，孵化出膜时间与孵化温度有关，温度越高出膜时间越短。人工孵化水温控制在 28℃ 左右，3 ～ 4 天出膜，7 天左右开始摄食。蝌蚪呈绿褐色带有深色斑点，蝌蚪生长变态时间约为 85 天。

生态稻米种植基地内
套养的牛蛙

◆ 养殖概况

牛蛙易养、繁殖快、生长快、食性杂、适应性强，已成为中国主要养殖蛙类。牛蛙可单养，也可在稻田套养。然而，因性凶残，对牛蛙繁殖力要加以调控，以防止其对生物链产生危害。

东北林蛙

东北林蛙是两栖纲无尾目蛙科林蛙属的一种。别称林蛙、蛤士蟆、雪蛤。在中国分布于黑龙江、吉林、辽宁、内蒙古等地。

◆ 形态特征

东北林蛙体长 42 ～ 86 毫米，雄蛙较小。头扁平，头宽略大于头长。吻端钝圆。舌后端具深缺刻。前肢短，指端钝圆；后肢较长，贴体前伸时胫跗关节可抵达眼前方或吻鼻部，有的超过吻端，左右跟部重叠较多，胫细瘦，足长于胫。蹼较发达。雄性有 1 对咽侧下内声囊。皮肤较光滑，背部及两侧有少量的圆疣或长疣。背面、体侧及四肢上部为土灰色或棕黄色，散有黄色及红色小点。鼓膜明显，鼓膜区有三角形黑斑。在头后方有黑褐色"八"字形斑。股部有 4 ～ 6 条横斑。雄蛙前肢较粗壮，在第一指的基部有明显的灰色婚垫，下颌污白色，腹部污白色或少有橙红色，缀以灰褐色块状斑；雌蛙下颌和前肢腹面大多为橙红色，腹部和股外侧是黄绿色，雌雄性股内侧均为橙红色。

◆ 生物学习性

东北林蛙多生活在山区和半山区林木繁茂、杂草丛生、地面潮湿的环境中，以水源（山溪、河流）为中心。夏季栖息于阔叶林和针阔混交林中，主要以昆虫及其幼虫为食。9 月下旬逐渐向水源迁徙，当气温下降至 10℃ 以下时陆续进入冬眠，一般选择在水量充足的深水湾、暖水区的石下或水草间越冬，直至次年 3 月下旬和 4 月初。

4 ～ 5 月初是出蛰、产卵的时期。产卵场一般为水深 5 ～ 15 厘米的多枯草、树枝或石块的静水区。5:00 ～ 8:00 是产卵的高峰期，产卵数在 1500 ～ 3000 粒。雌蛙产卵完毕即上岸或在水下泥土中转入生殖休眠，直到 5 月初食物逐渐丰富时，才向山上植被茂密的区域迁徙。

◆ 种群动态

由于森林面积急剧减少，气候干燥变暖，冬季少雪等原因，东北林蛙种群数量急剧减少。

◆ 保护措施

在中国，东北林蛙已被列入《中国濒危动物红皮书·两栖类和爬行类》和东北地区的保护动物名录,《中国生物多样性红色名录——脊椎动物卷(2020)》将其评估为近危(NT)物种。中国黑龙江省建立了黑龙宫、山河和松峰山等林蛙自然保护区。为增加林蛙的野外种群数量以及增加经济效益,中国东北许多地区都开展了林蛙养殖。

棘胸蛙

棘胸蛙是两栖纲无尾目叉舌蛙科棘胸蛙属的一种。别称石鸡、棘蛙、石鳞、石蛙、石蛤等。主要分布于中国华东、华南地区,以及越南北部地区的山涧溪流中。

棘胸蛙成蛙体长80毫米以上,雄性个体大于雌性个体。蛙体肥硕,后肢有力,趾间全蹼,适应水栖游泳。雄蛙胸部满布肉质疣,疣上有一黑刺,前臂较粗壮,内侧3指有发达的锥状婚刺,具单咽下内声囊,雌性腹面光滑。皮肤较粗糙,长短疣断续排列成行。体色与所栖息地的颜色相适应,多为褐色、棕黑色。

成蛙白天隐藏,夜间活动,捕食多种昆虫、溪蟹、蜈蚣、小蛙等。4~9月棘胸蛙产卵,怀卵量约为500粒,产卵时呈串黏附在水中石下,每串由7~12粒组成,同一雌蛙可产多个卵串,形似葡萄状。蝌蚪白天隐匿在石下,夜间多伏于水底石上。蝌蚪深棕褐色,尾的肌节背面有3~5个深色斑,游泳能力强,可越冬,次年完成变态。夏季水温超过30℃,棘胸蛙夏眠;秋末霜降后,水温低于15℃时开始冬眠。

棘胸蛙成蛙体形大,兼具食用和药用价值,是民间喜爱的山珍品,由于栖息地破坏和人为捕捉等原因,种群数量明显下降,需注意保护。

棘胸蛙已被世界自然保护联盟（ICUN）、《中国生物多样性红色名录——脊椎动物卷（2020）》评估为易危（VU）等级物种；在中国，还被多个省列为保护动物并开展了人工养殖。

黑斑侧褶蛙

黑斑侧褶蛙是两栖纲无尾目蛙科侧褶蛙属的一种。别称黑斑蛙、田鸡、青蛙。

◆ **地理分布**

黑斑侧褶蛙为中国常见蛙类，除台湾、海南、新疆、西藏、青海等地外，广泛分布于中国各地；在国外，黑斑侧褶蛙分布于俄罗斯、日本及朝鲜半岛等国家和地区。

◆ **形态特征**

黑斑侧褶蛙雄蛙体长 50～70 毫米，雌蛙体长 40～90 毫米，头长大于头宽。吻部略尖，吻端钝圆，凸出于下唇，吻棱不明显，雄蛙有 1 对颈侧外声囊。口宽阔，舌宽厚，后端缺刻深。鼻孔位于吻眼中间，鼻间距等于眼睑宽。眼大而凸出，眼间距窄，小于鼻间距及上眼睑宽。鼓膜近圆形，大而明显，直径为眼径的 70%～80%。背侧褶 2 条，宽而明显，呈金黄色、浅棕色或黄绿色，自眼后向后伸延至胯部。背侧褶间有多行长短不一的纵肤棱，此为区别于金线侧褶蛙、湖北侧褶蛙、福建侧褶蛙的明显特征之一。肩上方无扁平腺体，后背、肛周及股后下方有圆疣和痣粒。胫部背面有纵肤棱，身体和四肢腹面光滑。前肢短，前臂及手长不及体长之半，指关节下瘤小而明显，指末端钝尖，雄性第一指内侧具浅灰色婚垫，指式为 3 > 1 > 2 > 4；后肢较短而健硕，前伸贴体时胫跗关节达鼓膜和眼之间。左右跟部不相遇，胫长不及体长之半，趾末端钝尖。有内外跗突，内跗突窄长，小于第一趾长，游离端呈刃状，外跗突很小。体色变异大，体背面呈淡绿色、深绿色、黄绿色、灰褐色、浅褐色等颜色，即使同一种群，颜色差异也可能很大。背面有不规则的黑斑，杂有许多大小不一的黑斑纹，多数个体自吻端至肛前缘有淡黄色或淡绿色的背中线。雄性个体背侧及腹侧均有雄性线。自吻端沿吻棱至颞褶处有 1 条黑纹，四肢背面有黑色或褐绿色横纹，前臂常有棕黑横纹 2～3 条，股、胫部各有 3～4 条。股后侧有黑色或褐绿色云斑，身体和四肢腹面为一致的浅肉色或乳白色。

◆ **生物学习性**

黑斑侧褶蛙广泛分布于平原或丘陵地区的水田、水沟、池塘、小河、沼泽，以及海拔 2200 米以下的山地。白天隐藏于稻田、草丛和泥窝内，黄昏和夜间活动，尤以天气闷热及雨后的夜晚多见，性警觉，跳跃能力强。

黑斑侧褶蛙成蛙在 10～11 月天气转凉时进入松软的泥土或枯枝落叶下冬眠，翌年 3～5 月出蛰。繁殖季节在 3 月下旬至 6 月，南方种群较早，北方种群稍晚。多于稻田、水沟、池塘浅水处抱对，黎明前后产卵。卵胶膜黏性强，彼此黏连成团，常漂浮在水面、水草边等处，每团含卵 3000～5500 粒，卵径 1.5～2 毫米，动物极深棕色，植物极淡黄色或乳白色。卵和蝌蚪在静水处孵化、发育，变态后登陆生活。成蛙捕食蜘蛛、蚯蚓及多种有害昆虫等小型动物，在抑制和消灭害虫，维护生态平衡方面具有重要作用。

◆ 种群与保护

由于栖息地被破坏、农药大量使用及长期被捕捉，黑斑侧褶蛙种群数量急剧减少，已被世界自然保护联盟（IUCN）和《中国生物多样性红色名录——脊椎动物卷（2020）》评估为近危（NT）等级物种。

金线侧褶蛙

金线侧褶蛙是两栖纲无尾目蛙科侧褶蛙属的一种。别称田鸡、青蛙。金线侧褶蛙为中国特有种类，是低海拔稻田区较常见的中小型蛙类，分布于辽宁、河北、北京、天津、山西、山东、河南（除南部地区）、安徽（除西部地区）、江苏、上海、浙江等地。

◆ 鉴别特征

在中国，分布有金线侧褶蛙的 2 个近缘种，即原来列为亚种的福建侧褶蛙和湖北侧褶蛙。福建侧褶蛙分布于福建、台湾及江西（南部），湖北侧褶蛙分布于重庆、湖南、湖北、江西（除南部外大部分地区）、河南（南部）、安徽（西部）。三者之间的鉴别特征为：①福建侧褶蛙和金线侧褶蛙雄性具有咽侧内声囊，湖北侧褶蛙没有。②金线侧褶蛙和湖北侧褶蛙内跖突非常发达，呈刀刃状，而福建侧褶蛙的内跖突较小。③福建侧褶蛙胫跗关节前伸可达眼前缘，金线侧褶蛙胫跗关节前伸可达眼和鼓膜之间，而湖北侧褶蛙的则只能达鼓膜。④福建侧褶蛙跟部可以相遇，而其他两者的跟部则一般不能相遇。⑤湖北侧褶蛙雄性鼓膜大于眼径，而福建侧褶蛙及金线侧褶蛙鼓膜一般小于眼径。⑥福建侧褶蛙头长大于头宽，而金线侧褶蛙及湖北侧褶蛙头长小于或与头宽相近。

◆ 形态特征

金线侧褶蛙雌蛙体长55～70毫米，雄蛙体形较小，体长40～50毫米。头较扁，头宽略大于头长。吻端钝圆，稍凸出于下颌，吻棱略显。鼻孔位于吻眼之间，眼间距窄，小于上眼睑。鼓膜棕黄色，大而明显，雌性鼓膜径约为眼径的80%，雄性鼓膜一般略小于眼径，有的个体鼓膜和眼径等宽。雄性个体有1对咽侧内声囊。前肢较短小，前臂及手长不及体长之半。指端钝尖，指式为3＞1＞4＞2。雄性个体前肢较粗壮，第一指上有婚垫；后肢较短而略粗，左右跟部仅相遇或不相遇，后肢贴体前伸时，胫跗关节可达眼和鼓膜之间。外跖突极小而不显，内跖突极发达成刃状。趾间全蹼，趾端钝尖，趾式为4＞5≈3＞2＞1。生活时体背面为绿色或橄榄绿色，背侧有1对棕黄色的宽厚的背侧褶，自眼后向后伸延至胯部，鼓膜上方的褶较窄，其后逐渐宽厚，最宽处几与上眼睑等宽，部分个体背侧褶后部不连续。背部皮肤光滑或有疣粒，无肤棱，体侧有分散的小疣。后肢背面具有较粗的棕色横斑，股后方云斑少，有清晰的黄色与酱色纵纹。肛部及股后侧有少量分散的疣粒。腹面光滑，呈鲜黄色。

◆ 生物学习性

金线侧褶蛙成蛙喜欢生活在稻田、长有水草的沟渠及水流缓慢的土岸小河边，尤其喜欢栖息在长有荷花、菱角、浮萍、水花生等水生植物的池塘中。平常很少上岸活动，白天喜欢匍匐于荷叶或其他水生植物的叶片上，或长时间藏身在水生植物的叶片下，仅露头部；夜晚喜欢长时间趴在贴水的水生植物茎叶上，或漂浮在水面，天气闷热时也会匍匐在沟渠岸边。

金线侧褶蛙繁殖期在 4～6 月，卵产出后相互连接成卵块，卵粒直径 1 毫米左右。具冬眠习性，10 月下旬至翌年 4 月入洞蛰眠，冬眠期 6 个月左右。主要以各种水生动物为食，例如甲壳纲的虾、蟹，腹足纲的螺类，环节动物的各种水蚯蚓，以及蛛形纲的水蜘蛛等，也捕食多种昆虫的成虫及幼虫。因捕食多种昆虫，在抑制和消灭害虫、维护生态平衡方面具有一定作用。

◆ 濒危原因

由于栖息地被破坏、农药的大量使用、长期被捕捉，金线侧褶蛙分布范围已经缩小，数量也在减少，很多曾有该蛙分布的地方已经难觅踪影。

◆ 保护措施

2004 年，金线侧褶蛙被世界自然保护联盟（IUCN）列为受危胁种，各地也将其列为重点保护野生动物。《中国生物多样性红色名录——脊椎动物卷（2020）》已将其评估为近危（NT）等级物种。

新疆北鲵

新疆北鲵是两栖纲有尾目小鲵科北鲵属的一种。

◆ 起源

新疆北鲵有 14 对大染色体和 19 对微小染色体，具备染色体数目多、核型不对称等原始特征。矛尾鱼是一种古老的鱼类活化石，有资料显示矛尾鱼代表的总鳍鱼类是两栖类的直接祖先。而新疆北鲵 18s 核糖体 RNA（rRNA）基因与鱼类中总鳍亚纲的矛尾鱼的相似性可达 97%，表明新疆北鲵起源于矛尾鱼，也是两栖类中最原始的代表。

◆ **地理分布**

新疆北鲵分布区域狭窄，数量稀少。在中国仅分布于新疆温泉县西部山地，共有 6 处栖息地，呈岛屿状分布，栖息地实际占有面积为 11000 平方米，种群数量约 3000 尾。在国外，分布于哈萨克斯坦。

◆ **形态特征**

新疆北鲵体长最大不超过 300 毫米，野外调查最长达 275 毫米，成体体长一般为 121 毫米以上。头扁平，头长大于头宽。吻端宽圆。成体上唇后缘呈弧形，幼体唇褶明显。颈褶弧形。前颌囟小。犁骨齿呈弧形两短列。躯干圆柱状略背腹扁。尾基圆，向后侧扁。指 4、趾 5，指长顺序为 2、3、4、1，趾长顺序为 3、4、2、5、1。指、趾扁，指、趾端有角质鞘，具微蹼。皮肤光滑，体侧有 11 ～ 13 条肋沟，尾前端也有数条沟。体色可随周围环境变化而变化，水中生活时体色接近泥色、石色，为棕黑色或黑褐色；在草地活动时体色为黄绿色，腹面灰白色。幼体性别不明显；成体雄性体色为棕黑色，一般无色斑，尾长大于头体长 10 毫米左右，有尾鳍，尾端宽钝。成体雌性体色黑褐色，具深色斑点，尾长约等于头体长，无尾鳍，尾端渐窄。

◆ **生物学习性**

新疆北鲵生活于海拔 2100 ～ 3200 米的山地草原及高山草原，栖息于涌泉形成的溪流湿地（苏鲁别珍）、山间裂隙水湿地（萨尔巴斯托）及高山湖泊（阿克赛）等 6 地，溪流水深多为 0.1 ～ 0.3 米，宽 1 ～ 2 米，溪流中有大小石块及水生植物。具冬眠习性，每年 11 月开始进入冬眠期。冬季最低气温达 -30℃ 左右时，水温不到 1℃；夏季最高气温达 29℃ 左右时，水温不高于 16℃。幼体钻入溪流石块深处越冬，成体则多在溪流边泥石洞穴或草地深坑石块中越冬。翌年 3 月随气温逐渐上升开始活动、觅食。白日藏匿于溪流石块下、水边泥石缝隙处，夜晚觅食，食性广，主要以毛翅目昆虫石蛾幼虫（石蚕）为食，孵化出的幼体以水中微型甲壳动物（腺状介虫）为食，成体也捕食草地甲虫、蜘蛛、蚯蚓等小型动物。新疆北鲵有成体蚕食幼体、卵胶囊，以及同龄中健壮的幼体蚕食弱小的幼体的行为，可视为不同栖息地种群之间无法进行基因交流时的自我复壮机制。

每年 5～7 月为繁殖期，5 月初前后产卵，产卵时水温为 6～9℃。雌性选择在缓流大石块下产出 1 对呈倒 V 形卵胶囊，两胶囊皆为纺锤形，以共有柄端部黏连在石块底面。初产卵胶囊呈淡灰蓝色，长 40～50 毫米，数量为 34～98 粒不等，卵乳白色，卵粒直径 3～4 毫米。卵胶囊一旦产出，立刻有数尾雄性争抢使其受精，最终仅 2 尾雄性各紧抱 1 条卵胶囊完成体外受精。卵胶囊遇水后膨胀，并随胚胎发育变长变宽，直至胚胎发育成鱼形胚体出膜时，卵胶囊长度达 160～220 毫米，孵化期受水温影响，一般为 50 天左右，孵化出的幼体体长 18～20 毫米。幼体第三年外鳃消失完成变态，进入亚成体生长阶段，体长为 90～120 毫米，第五年达性成熟，体长达 121 毫米以上。

◆ 种群动态

受气候变暖影响，栖息地湿地生态衰退，例如核心区苏鲁别珍栖息地 2006 年开始水位明显下降 0.2 米，栖息地部分泉眼干涸，溪流中石块逐渐露出水面，新疆北鲵种群生存和繁殖受到严重威胁。此外，20世纪 90 年代中期，新疆北鲵遭到了严重的偷捕，种群数量急剧下降。此外，新疆北鲵成体吞食幼体也是其种群数量下降的原因之一。

◆ **保护措施**

新疆北鲵已被世界自然保护联盟（IUCN）列为濒危（EN）等级物种，被《中国濒危动物红皮书》《中国物种红色名录》《中国生物多样性红色名录——脊椎动物卷（2020）》评估为极危（CR）等级物种。

中国于 1997 年建立了温泉新疆北鲵自然保护区，1999 年在温泉县建立了温泉新疆北鲵保护站；2009 年 5 月，博尔塔拉蒙古自治州人民政府制定的《温泉新疆北鲵自然保护区管理条例》正式施行。与此同时，中国高校科研人员长期进行的保护生物学研究等科研成果，对物种保护提供了有力的理论支持。2016 年，温泉县保护站在面积最大的苏鲁别珍核心区建立了视频监测系统和地面围栏，加大了保护力度。

中国大鲵

中国大鲵是两栖纲有尾目隐鳃鲵科大鲵属一种。因其鸣叫似婴儿故俗称娃娃鱼。属中国二级保护动物，是珍贵的观赏动物，也是研究动物系统发育的好材料。中国大鲵分布于中国河南、山西、陕西、甘肃、青海、四川、云南、贵州、湖北、湖南、安徽、江苏、浙江、江西、福建、广东、广西等省、自治区。

◆ **形态特征**

中国大鲵头体扁平，头长略大于头宽。吻短圆，外鼻孔接近吻端，较小。眼小且无眼睑，位于背侧，眼间距大，眼眶周围有排列整齐的疣粒。口裂大，上唇唇褶在口后部可见。犁骨齿列甚长，位于犁腭骨前缘，左右相连，相连处微凹，与上颌齿平行排列呈一弧形。舌大且与口腔底部粘连。体表光滑无鳞。头部背腹面有小疣粒，成对排列。躯干粗扁，无明显的颈褶。体侧有宽厚的纵行褶皱和若干圆形疣粒。四肢粗短，后肢略长，指、趾扁平，指 4，趾 5；肢体后缘有肤褶，与外体侧指、趾相连；蹼不发达，仅趾间有微蹼。尾基部略呈柱状向后渐侧扁，尾背鳍褶高而厚，尾末端钝圆。体色变异大，多为棕褐色或浅黑褐色等，多有黑褐色斑块，少数无斑；体腹面灰棕色。幼体有 3 对羽状外鳃，8 ～ 12 月龄外鳃开始退化消失，变态为成体形态。

◆ **生物学习性**

中国大鲵多生活在海拔 1000 米以下的溪河中，最高可达海拔 4200 米。常栖于平缓溪河的石灰岩洞穴内或深潭中。以水栖为主，多单独栖息。白天很少活动，偶尔上岸晒太阳，夜间活动频繁。幼鲵在自然环境中多栖于浅水处的石块下。具冬眠习性。成体以小型鱼类、虾、蟹类、蛙、水蛇、水生昆虫等为食。幼体以孑孓等水生浮游动物为食。人工饲养可投喂泥鳅和小鱼等。

◆ **生长与繁殖**

中国大鲵全长一般 1 米左右，大者可达 2 米以上，体重可达数十千克，饲养条件下寿命可达 55 年。大鲵性成熟年龄为雄性 5 龄，雌性 6 龄。

繁殖季节6～9月，繁殖盛期7～9月（水温17～22℃）。大鲵雌雄异体，体外受精，为多精入卵，单精受精，属一次产卵类型。大鲵卵呈圆形，乳白色；有单胞、双胞和多胞之分；卵径5～7毫米；卵外有胶膜，卵与卵之间呈串珠状连接，胶膜无黏性，遇水后吸水膨胀，透明。卵在静止水体中为沉性，在流动水体中呈漂浮性。成熟精子呈线形，长度180～200微米，头部尖，尾部细长，约占全长的2/3。中国大鲵绝对怀卵量为200～2000粒，初次性成熟大鲵的绝对怀卵量平均300粒左右；经产大鲵的怀卵量大多在500～800粒。18～22℃温度条件下，38～40天孵化出膜。

◆ **养殖概况**

中国大鲵养殖的方式主要有仿生态养殖和全人工工厂化养殖。仿生态养殖投入少，效率低；全人工工厂化养殖方式投入资金大，对养殖和繁殖技术要求高，尤其对繁殖过程中的催产及孵化有较高的技术要求，但是繁殖效果好。

人工饲养的中国大鲵

◆ **价值**

中国大鲵具有很高的营养价值，属于高档食材，其主要消费方式为食用，消费市场已经初步形成，消费者认可度高。也有少量以大鲵身体不同部分为原料的化妆品、药品及滋养保健品投入市场。

第11章
爬行类

扬子鳄

扬子鳄是爬行纲鳄目鼍科鼍属的一种。别称中华鼍、中华鳄、土龙、猪婆龙。布于亚热带和温带地区。在中国仅分布于安徽、浙江。

◆ 形态特征

扬子鳄身长 1 ～ 2 米，头部扁平，吻部宽而短，四肢粗短。尾长而侧扁，粗壮有力，在水里能推动身体前进，又是攻击和自卫的武器。体重约为 36 千克，是小型鳄类。头部相对较大，鳞片上具有更多颗粒状和带状纹路。

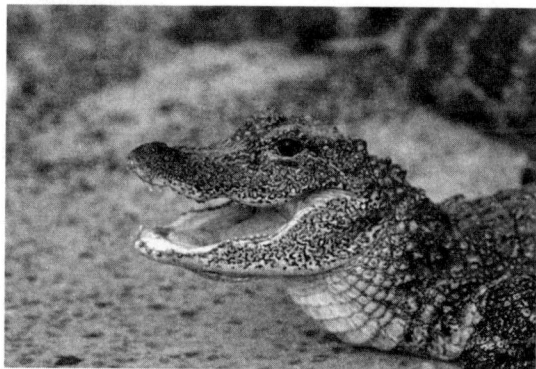

扬子鳄

◆ 生物学习性

扬子鳄喜欢栖息于中江下流支流水系的库塘、湖泊、农田间的塘口、沼泽的滩地或丘陵山塘等地。以鱼、虾、软体动物、蛙类、幼鸟、小型哺乳动物及昆虫为食。多夜间活动。寿命在 45 年以上。无迁徙行为，但在干旱季节会出现短距离移动，以寻找水源。天敌有人类捕杀，幼鳄天敌有鹭鸟等。具冬眠和夏眠习性，越冬期常被鼠类为害。卵常被哺乳动物等破坏或吞食。病原生物为变形杆菌、假单胞杆菌、枸橼酸杆菌。

扬子鳄卵生。到了 6 月上旬在水中交配，体内受精。到了 7 月初前后，雌鳄开始用杂草、枯枝和泥土在合适的地方建筑圆形的巢穴供产卵，每巢产卵 10 ～ 40 只。卵产于草丛中，上覆杂草，靠自然温度孵化，孵化期约为 70 天。幼鳄 9 月初出壳。卵为灰白色，比鸡蛋略大。

◆ 价值

扬子鳄具有以下经济价值：①食用。肉、蛋等均可以食用，也是传统食用材。②皮革。皮可以制革，用于制作高档的皮鞋、皮包等。③乐器。据古书记载，扬子鳄皮在中国古代是制作鼓乐的好材料。④药用。据中国古代记载，肉、卵均可药用。⑤观赏。头、脚、牙齿、爪及背脊可加工成旅游纪念品，亦可将死鳄鱼制成剥制标本，做成各种姿态，给游客作为家庭装饰或欣赏用。

扬子鳄处于丘陵地带湿地生态系统的食物链顶端，在维持湿地生态系统的平衡中具有非常重要的作用。但扬子鳄善掘洞为巢，常筑巢于水库堤坝处，常会造成水库泄漏。

◆ 种群动态

扬子鳄种群不呈现明显的季节变化，冬眠处于休眠状态。1981年在中国和美国科学工作者联合调查基础上，估计野生扬子鳄仅存

300～500 条。自建立扬子鳄自然保护区后，先后多次对野生环境中扬子鳄资源数量进行普查，2002 年调查结果为不足 120 条。2011～2013 年调查显示，野生种群数量在 150 只左右。影响扬子鳄种群数量的因素有气候变化、人类活动、湿地减少、滥捕鱼类、农业面源污染等。

◆ **管理措施**

扬子鳄养殖。饲养场的建造：场址选择应水陆兼备、温度适宜、环境僻静、食物丰富，也可建造人工洞穴，养殖时饲养密度不宜过高。人工养殖的日常管理工作主要有投饵、巡视、防病、捕捉测量。扬子鳄对饵料的要求很低，其食性较广，鱼、肉、鸡骨架、动物内脏等均可投喂。还可以在池塘中养殖一些螺、蚌和鱼类，既可利用水体，又可以减少投饵量。鳄卵孵化室建设应具备调温设备和贮水设备，保持高温高湿的孵化环境。

扬子鳄可持续利用。扬子鳄于 1992 年被批准列入《濒危野生动植物种国际贸易公约》（CITES），允许子二代饲养鳄及其制品进入国际市场，但商业利用较少，出口扬子鳄主要是用于观赏。

◆ **保护措施**

在中国，扬子鳄为国家一级保护野生动物，被 CITES 列入附录一中，被《世界自然保护联盟濒危物种红色名录》《中国生物多样性红色名录——脊椎动物卷（2020）》评估为极危（CR）等级物种。

20 世纪 70 年代，中国开始了大量的保护工作。1979 年，在安徽宣城建立了扬子鳄繁殖研究中心；1980 年成立了扬子鳄自然保护区，并于 1986 年升级为国家级自然保护区，于 2006 年列为示范保护区建设；2008 年，安徽扬子鳄国家级自然保护区同时被列为国家重要湿地建设项目。同时，中国还在浙江长兴建立了浙江长兴扬子鳄养殖中心，并建立了浙江长兴扬子鳄省级自然保护区。

第12章

螺类

扭轴蜗牛

扭轴蜗牛是柄眼目扭轴蜗牛科物种的统称。俗称天螺、蜓蚰螺、水牛等。全世界已知扭轴蜗牛科有 87 属，均为东洋界种类。

◆ **地理分布**

扭轴蜗牛仅生活在热带、亚热带地区。在中国，主要分布于上海，安徽、江苏、浙江、福建、广东、广西、海南、江西、湖南、湖北、贵州、四川、云南、台湾等地；在国外，分布于欧洲、南美洲、非洲及亚洲南部，澳大利亚、太平洋及加勒比地区缺乏。在欧洲从白垩纪到始新统均发现此科化石种类。

◆ **形态特征**

扭轴蜗牛的贝壳一般在成体后，壳轴扭斜，体螺层与其他螺层偏斜。但幼螺不偏斜，幼螺和成螺常常被误认为 2 个

天目山弯螺

种。贝壳呈圆锥形或虫蛹形。壳面常呈淡白色或黄色，其上并有生长线，有时螺旋很规则，体螺层基部膨胀。壳口简单或具褶（或齿）。动物肉体常有一长颈和一短尾，后触角细而长，触唇狭窄，与前触角长度相等。齿舌与小壳螺科的齿舌相似，其中央齿简单。生殖孔在体右侧，距触角远，紧靠呼吸孔。

◆ **生物学习性**

扭轴蜗牛常栖息在石灰岩山区、丘陵地区的阴暗潮湿多腐殖质的草丛中、枯枝落叶下、石块下或腐烂树木下。它们取食方式是以颚片固定食物，以齿舌来舐刮食物，因此被舐刮过的植物叶片常留下一个个小空洞，与昆虫取食方式完全不同。以植物嫩叶、幼芽、菌类、地衣为食。扭轴蜗牛具有夏眠和冬眠的习性，当遇到炎热干旱夏季或寒冷的冬季时会不吃不喝休眠，分泌黏液将壳口封闭起来，以度过不良气候环境。步行虫幼虫、沼蝇、鸟类、蛇、青蛙、蟾蜍和蜥蜴等是扭轴蜗牛的天敌。扭轴蜗牛雌雄同体，异体交配繁殖。卵生，卵为石灰质小圆颗粒。

大脐蜗牛

大脐蜗牛是柄眼目巴蜗牛科大脐蜗牛属物种的统称。俗称天螺、蜒蚰螺、水牛等。属东洋界种类。

◆ **地理分布**

大脐蜗牛在中国主要分布于上海、安徽、江苏、浙江、福建、广东、广西、海南、江西、湖南、湖北、贵州、四川、云南、台湾等地，在国外分布于日本及其邻近岛屿。

◆ 形态特征

大脐蜗牛以脐孔大
为显著特征。贝壳一般
呈圆锥形或陀螺形，螺
旋部低，各螺层间距较

果大脐蜗牛

窄，庄体螺层周缘上常无龙骨状突起，并在前方向下倾斜，壳口呈半月
形，口缘上无齿，稍外扩，其内稍厚，在轴缘外折。生殖系统常无鞭状
体，矢囊常有 2 条黏液管腺。

◆ 生物学习性

大脐蜗牛一般栖息在山区、丘陵地带或农田、房舍附近的草丛中、
灌木丛中，落叶下、腐烂树木下、石块下，喜欢阴暗潮湿多腐殖质的环
境。大脐蜗牛取食方式是以颚片固定食物，以齿舌来舐刮食物，因此被
舐刮过的植物叶片常留下一个个小空洞，与昆虫取食方式完全不同。大
脐蜗牛具有夏眠和冬眠的习性。当遇到炎热干旱夏季或寒冷的冬季会不
吃不喝休眠，分泌黏液将壳口封闭起来，以度过不良气候环境。大脐蜗
牛雌雄同体，行异体交配繁殖。卵生，一次产卵几枚或数十枚，卵为石
灰质的小圆颗粒。性成熟个体每年 4 ～ 5 月交配繁殖。步行虫幼虫、沼
蝇、鸟类、蛇、青蛙、蟾蜍和蜥蜴等是大脐蜗牛的天敌。

◆ 危害

大脐蜗牛以植物嫩叶、幼芽为食，常危害农作物，是农业有害生物，
还是家畜、家禽及野生动物寄生虫——双腔吸虫的中间宿主。

华蜗牛

华蜗牛是柄眼目巴蜗牛科华蜗牛属物种的统称。俗称天螺、蜓蚰螺、水牛等。系古北界种类。

◆ 地理分布

华蜗牛在中国主要分布于山东、天津、北京、河北、山西、内蒙古、辽宁、陕西、甘肃、青海、四川、云南、西藏、新疆等地，在国外分布于俄罗斯、哈萨克斯坦、吉尔吉斯斯坦、蒙古等国，以及亚洲中、西部地区。

◆ 形态特征

华蜗牛贝壳呈扁圆锥形，壳质坚实，壳面常具有螺纹、雕刻状的细纹或肋，在体螺层周缘上常有棱角或龙骨状突起，并在前方向下倾斜，在上常有一条色带。螺旋部低矮，各螺层窄小。壳口呈马蹄形，倾斜，口缘厚，其上无齿，上唇、外唇和底唇扩大，轴缘加宽，动物身体具有圆形的尾，无纵向的沟纹。颚片

条华蜗牛

呈弓形，其上有 3～7 条弱的肋。生殖系统阴茎末端细长，有长的牵引肌和输精管，矢囊大，开口进入精管膨腔，大约有成束的 10 根棒形的黏液腺，受精囊管长。

◆ 生物学习性

华蜗牛一般生活在农田、果园、公园、寺庙等地附近阴暗潮湿的草丛中、灌木丛中、石块下、落叶下，有时也会爬附近岩石上。以植物幼

嫩芽苗、嫩叶为食，常危害农作物、果树、花卉等。华蜗牛取食方式是以颚片固定食物，以齿舌来舐刮食物，因此被舐刮过的植物叶片常留下一个个小空洞，与昆虫取食方式完全不同。华蜗牛具有夏眠和冬眠的习性，当遇到炎热干旱夏季或寒冷的冬季时会不吃不喝休眠，分泌黏液将壳口封闭起来，以度过不良气候环境。

步行虫幼虫、沼蝇、鸟类、蛇、青蛙、蟾蜍和蜥蜴等是华蜗牛的天敌。华蜗牛雌雄同体，异体受精繁殖。卵生，卵为淡黄色小圆颗粒，卵壳为石灰质。性成熟个体一般于 5～6 月交配繁殖产卵，卵在适宜的温度和湿度下，10 天左右便孵出幼螺。螺生长 7～8 个月后便达性成熟。

◆ 危害

华蜗牛既是农业上的有害生物，也是家畜、家禽及野生动物寄生虫——双腔吸虫的中间宿主。

平瓣蜗牛

平瓣蜗牛是柄眼目巴蜗牛科平瓣蜗牛属物种的统称。为中国特有属，主要分布于河北、湖北、四川、重庆、贵州、陕西、山西等地。

◆ 形态特征

平瓣蜗牛贝壳呈凸透镜形，壳质薄，有 4.5 个螺层，在体螺层周缘上有锐利的龙骨状突起，有脐孔。体螺层在前方下降，壳面，光滑，壳口呈卵圆形，其底部呈水平

轮状平瓣蜗牛

状，口缘扩大，轴缘下部外折，其末端靠近并穿过体壁。胚螺层有颗粒。

◆ 生物学习性

平瓣蜗牛一般生活在阴暗潮湿的草丛中、灌木丛中、石块下、落叶下，有时也会爬附近岩石上。平瓣蜗牛取食方式是以颚片固定食物，以齿舌来舔刮食物，因此被舔刮过的植物叶片常留下一个个小空洞，与昆虫取食方式完全不同。平瓣蜗牛具有夏眠和冬眠的习性，当遇到炎热干旱夏季或寒冷的冬季时会不吃不喝休眠，分泌黏液将壳口封闭起来，以度过不良气候环境。步行虫幼虫、沼蝇、鸟类、蛇、青蛙、蟾蜍和蜥蜴等是平瓣蜗牛的天敌。平瓣蜗牛雌雄同体，异体受精繁殖。卵生，卵为淡黄色小圆颗粒，卵壳为石灰质。性成熟个体一般于 4 ～ 5 月交配繁殖产卵，卵在适宜的温度和湿度下，约 14 天后便孵出幼螺。幼螺生长 8 ～ 10 个月后即达性成熟。

◆ 危害

平瓣蜗牛常以植物幼嫩芽苗、嫩叶、地衣为食，也为害各种农作物等，既是农业上的有害生物，也是家畜、家禽及野生动物寄生虫——双腔吸虫的中间宿主。

齿口蜗牛

齿口蜗牛是柄眼目扭轴蜗牛科齿口蜗牛属物种的统称。俗称天螺、蜒蚰螺、水牛等。统称蜗牛。为东洋界种类。

◆ 地理分布

齿口蜗牛在中国主要分布于安徽、江苏、浙江、福建、广东、广西、海南、江西、湖南、湖北、贵州、四川、云南及台湾等地，在国外分布于越南、泰国、缅甸、斯里兰卡及印度等国。

◆ **形态特征**

齿口蜗牛贝壳较小，扭曲，呈斜圆柱形，在最后一螺层口缘背面有一些凹陷，在内唇处一般常有 2 枚壁板，其他处有数枚颚齿。

◆ **生物学习性**

齿口蜗牛一般栖息于热带、亚热带多石灰

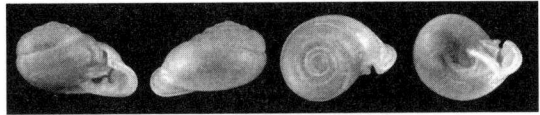

双沟皮氏齿口螺

岩的山区、丘陵地带和农田附近阴暗潮湿的草丛中、灌木丛中、石块或落叶、腐木下。齿口蜗牛取食方式同平瓣蜗牛。齿口蜗牛具有夏眠和冬眠的习性。当遇到炎热干旱夏季或寒冷的冬季会不吃不喝休眠，分泌黏液将壳口封闭起来，以度过不良气候环境。此外，步行虫幼虫、沼蝇、鸟类、蛇、青蛙、蟾蜍和蜥蜴等是齿口蜗牛的天敌。齿口蜗牛雌雄同体，异体交配繁殖。卵生，卵为石灰质小圆颗粒，多产于缝隙中或土壤中，每次产卵几粒至十几粒，每个成熟个体均可繁殖。

◆ **危害**

齿口蜗牛常以植物嫩叶、幼芽、菌类、地衣为食，也是农业上的有害生物，常为害各种农作物等。

射带蜗牛

射带蜗牛是柄眼目巴蜗牛科射带蜗牛属的物种的统称。中国特有属，主要分布于云南、贵州、四川西北部及甘肃南部、秦岭和祁连山一带。

◆ **形态特征**

射带蜗牛贝壳大多呈左旋，呈扁圆锥形或圆盘形，体螺层低矮扁平，并具有龙骨状突起的螺层，壳面有生长线和螺纹。常有色带，胚螺层有颗粒。壳口呈半月形，口

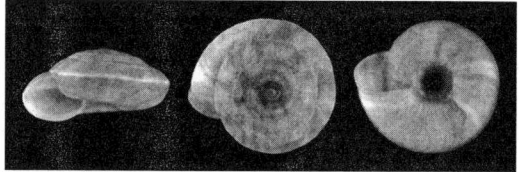

似射带蜗牛

唇宽大，锐利，脐孔宽大。生殖系统矢囊较大，具有多于 2 个以上的腺，阴茎无乳头，无鞭状体。

◆ **生物学习性**

射带蜗牛一般栖息于山区、丘陵地带和农田附近阴暗潮湿的草丛中、灌木丛中、石块或落叶、腐木下。射带蜗牛取食方式同平瓣蜗牛。射带蜗牛具有夏眠和冬眠的习性，当遇到炎热干旱夏季或寒冷的冬季时会不吃不喝休眠，分泌黏液将壳口封闭起来，以度过不良气候环境。此外，步行虫幼虫、沼蝇、鸟类、蛇、青蛙、蟾蜍和蜥蜴等是射带蜗牛的天敌。射带蜗牛雌雄同体，异体交配繁殖。卵生，卵为石灰质小圆颗粒。卵多产于缝隙中或土壤中，每次产卵几粒至十几粒，每个成熟个体均可繁殖。

射带蜗牛常以植物嫩叶、幼芽、菌类、地衣为食，也是农业上的有害生物，常为害各种农作物等。

单齿螺

单齿螺是柄眼目扭轴蜗牛科单齿螺属物种的统称。俗称天螺、蜒蚰螺、水牛等。为东洋界种类。

◆ **地理分布**

单齿螺在中国主要分布于上海，安徽、江苏、浙江、福建、广东、广西、海南、江西、湖南、湖北、贵州、四川、云南及台湾等地，在国外分布于东亚、南亚等地区。

◆ **形态特征**

单齿螺贝壳呈扭曲斜圆柱形，体螺层或多或少倾斜，壳口靠近体螺层上常有一板，在大多数情况下，在口缘处有齿，口唇弯曲而外折，有脐孔。壳面光滑而有光泽，动物身体和触角常有色彩，一般为淡黄色或橘红色。

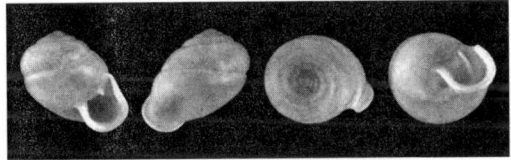

中华单齿螺

◆ **生物学习性**

单齿螺一般栖息于热带、亚热带多石灰岩的山区、丘陵地带和农田附近阴暗潮湿的草丛中、灌木丛中、石块或落叶、腐木下。单齿螺取食方式是以颚片固定食物，以齿舌来舐刮食物，因此被舐刮过的植物叶片常留下一个个小空洞，与昆虫取食方式完全不同。单齿螺具有夏眠和冬眠的习性。当遇到炎热干旱夏季或寒冷的冬季会不吃不喝休眠，分泌黏液将壳口封闭起来，以度过不良气候环境。此外，步行虫幼虫、沼蝇、鸟类、蛇、青蛙、蟾蜍和蜥蜴等是单齿螺的天敌。单齿螺雌雄同体，异体交配繁殖。卵生，卵为石灰质小圆颗粒，多产于缝隙中或土壤中，每次产卵几粒至十几粒，每个成熟个体均可繁殖。

单齿螺常以植物嫩叶、幼芽、菌类、地衣为食，也是农业上的有害生物，常为害各种农作物等。

间齿螺

间齿螺是柄眼目巴蜗牛科间齿螺属物种的统称。俗称天螺、蜓蚰螺、水牛等。中国特有属，主要分布于山东、山西、陕西、甘肃及河北等地，有少数种类已扩散到南方地区。

◆ **形态特征**

间齿螺贝壳呈陀螺形或扁圆锥形，壳面大多呈褐色或淡白色，其上常有 1 ～ 2 条褐色色带。体螺层在前方不下降。壳口呈半月形，有 2 枚大的唇齿，常位于胼胝部的隆起上。口缘内白瓷状边缘，下部扩大，

烟台间齿螺

在轴缘处外折。胚螺层有颗粒。生殖系统阴茎无乳头和鞭状体，有 2 条黏液腺，每条黏液腺有特别长的梗。

◆ **生物学习性**

间齿螺是生活在陆地上的软体动物，一般栖息于山区、丘陵地带和农田附近阴暗潮湿的草丛中、灌木丛中、石块或落叶、腐木下。间齿螺取食方式是以颚片固定食物，以齿舌来舐刮食物，因此被舐刮过的植物叶片常留下一个个小空洞，与昆虫取食方式完全不同。间齿螺具有夏眠和冬眠的习性。当遇到炎热干旱夏季或寒冷的冬季时会不吃不喝休眠，分泌黏液将壳口封闭起来，以度过不良气候环境。步行虫幼虫、沼蝇、鸟类、蛇、青蛙、蟾蜍和蜥蜴等是间齿螺的天敌。雌雄同体，异体交配繁殖。卵生。卵为石灰质小圆颗粒。卵多产于缝隙中或土壤中，每次产

卵几粒至十几粒，每个成熟个体均可繁殖。

◆ 危害

间齿螺常以植物嫩叶、幼芽、菌类、地衣为食，是农业上的有害生物，常为害各种农作物等。

环肋螺

环肋螺是柄眼目巴蜗牛科环肋螺属物种的统称。俗称天螺、蜓蚰螺、水牛等。

◆ 地理分布

环肋螺在中国主要分布于上海，安徽、江苏、浙江、福建、广东、广西、海南、江西、湖南、湖北、贵州、四川、云南、台湾等地，在国外分布于日本、朝鲜半岛及琉球群岛等东亚地区。

◆ 形态特征

环肋螺贝壳螺旋部低矮，壳面有螺纹，并有毛刺或鳞片，有体螺层周缘上有 1 条明显的棱角，壳口呈半月形或圆形，倾斜，口缘无齿，崩外扩，其内增厚，轴缘在底部外折，胚螺层有时滑，有时有明亚的颗粒，脐孔大。生殖系统阴茎常有一鞭状体。

◆ 生物学习性

环肋螺一般生活在山区、丘陵地带，农田附近阴暗潮湿的草丛中、灌木丛中、石块下、落叶下，有时也会爬到附近岩石上。环肋螺取食方式是以颚片固定食物，以齿舌来舐刮食物，因此被舐刮过的植物叶片常留下一个个小空洞，与昆虫取食方式完全不同。环肋螺具有夏眠和冬眠的习性。当遇到炎热干旱夏季或寒冷的冬季时会不吃不喝休眠，分泌黏液将壳口封闭起来，以度过不良气候环境。步行虫幼虫、沼蝇、鸟类、蛇、青蛙、蟾蜍和蜥蜴等是环肋螺的天敌。雌雄同体，异体受精繁殖。卵生。性成熟个体一般于 4 ～ 5 月交配繁殖产卵，卵在适宜的温度和湿度下，约 10 天便孵出幼螺。幼螺生长 8 ～ 10 个月后即达性成熟。卵为淡黄色小圆颗粒，卵壳为石灰质。

◆ **危害**

环肋螺常以植物幼嫩芽苗、嫩叶、地衣为食，也为害各种农作物等，是农业上的有害生物；也是家畜、家禽及野生动物寄生虫——双腔吸虫的中间宿主。

小丽螺

小丽螺是柄眼目坚齿螺科小丽螺属物种的统称。俗称蜒蚰螺、蜗牛。

◆ **地理分布**

小丽螺在中国主要分布于上海、安徽、江苏、浙江、福建、广东、广西、海南、江西、湖南、湖北、贵州、四川、云南及台湾等地，在国外分布于印度、日本、菲律宾等国，巽他群岛及新几内亚等地。

◆ **形态特征**

小丽螺贝壳呈圆锥形，壳质稍薄，有脐孔。壳面有时附着毛、刺或有色带。体螺层有时下斜。壳口呈半月形或椭圆形，壳口倾斜，壳口无齿，在口下缘处有时具有 1 个微小的褶皱。口缘在壳轴处宽阔。动物足长而窄。颚片具有肋，呈弯月形。齿舌的中央齿和侧齿无特殊的附属齿，缘齿大多具有双齿尖。泄殖腔、精管和阴茎长，阴茎基背板长，有一薄的突起，并有牵引肌附属物，受精囊柄宽大而短粗，无矢囊。

短须小丽螺

◆ **生物学习性**

小丽螺一般栖息在山区、丘陵坡地、农田附近阴暗潮湿的灌木丛、草丛中、石块、落叶或腐木下、乱石堆中，石灰岩地区常见。小丽螺具有夏眠和冬眠的习性，当遇到炎热干旱的夏季或严寒酷冷的冬季气候条件时，便会躲藏起来，不吃不喝以度过不良生存条件。小丽螺取食方式是以颚片固定食物，以齿舌来舐刮食物，因此被舐刮过的植物叶片常留下一个个小空洞，与昆虫取食方式完全不同。雌雄同体，异体交配繁殖。卵生，卵为石灰质的小圆颗粒，产在土壤中或土壤缝隙中。

◆ **危害**

小丽螺常以绿色植物的嫩叶、幼芽、菌类等为食，是农业上的有害生物。小丽螺的某些种类亦是家畜和野生动物寄生虫的中间宿主。

多粒螺

多粒螺是柄眼目坚齿螺科多粒螺属物种的统称。俗称天螺、蜓蚰螺、水牛等。中国特有属，主要分布于中国海南、广东、广西、香港及澳门等地。为典型东洋界种类。

◆ **形态特征**

多粒螺贝壳中等大小，结实，呈矮圆锥形或圆盘状，螺旋部低矮，

体螺层迅速膨胀，其周缘上
有小的突起或颗粒，或棘。
壳口与体螺层分离，口缘外
折，在内壁上有乳头状突起，
外唇具有片状内褶，轴缘下
方有齿。

三凹多粒螺

◆ **生物学习性**

多粒螺一般栖息在潮湿阴暗多腐殖质的树林、灌木丛、草丛、落叶
下、石块下等环境中，在石灰岩地区常见到。多粒螺取食方式是以颚片
固定食物，以齿舌来舐刮食物，因此被舐刮过的植物叶片常留下一个个
小空洞，与昆虫取食方式完全不同。多粒螺具有夏眠和冬眠的习性，当
遇到不良恶劣的炎热干旱的夏季或严寒酷冷的冬季气候条件时，便会躲
藏起来，不吃不喝以抵抗不良生存环境。雌雄同体，异体交配繁殖。卵
生，卵为石灰质的小圆颗粒。

◆ **危害**

多粒螺以植物嫩叶、幼芽、菌类为食，是农业上的有害生物。

鳖类

山瑞鳖

山瑞鳖是龟鳖目鳖科山瑞鳖属的一种。别称山瑞、团鱼。

◆ **地理分布**

山瑞鳖在中国分布于陕西、广东、广西、香港、海南、广西、云南、贵州及山东等地，在国外分布于越南、美国夏威夷群岛（引种）、马斯克林群岛（引种）等国家或地区。

◆ **形态特征**

山瑞鳖外形呈圆形，与中华鳖相似。身体较为肥厚，体积大，头部两侧疣粒明显。体长 30～40 厘米，宽 23 厘米左右，体重 20 千克左右。头部较大，圆锥形，黑色或黑绿，吻部向前凸出，并形成管状吻突，鼻孔开口于吻突端。皮肤柔软粗糙，无角质盾片。颈部长，颈的基部两侧及背甲的前沿有肉质钉状突起瘰粒，背盘前缘有粗大凸粒，体厚，背深绿色，上有黑斑。身体腹面白色布黑斑。四肢扁平，后缘薄，桨状，趾间蹼发达，具 3 爪。雄性的尾巴粗长，超出裙边，雌性尾宽短。

◆ **生物学习性**

山瑞鳖栖息于江河、山涧、溪流中。杂食，野生状态下以体动物及鱼、虾、蠕虫等为食。人工养殖可喂食福寿螺肉、田螺肉、蜗牛肉、蚌肉、鱼肉、动物内脏下脚料及蚯蚓和蝇蛆等。捕食鱼苗。

山瑞鳖为变温动物，当温度下降到12℃时，进入冬眠状态。18～20℃时苏醒觅食。适宜温度是25～32℃，在此温度区间摄食旺盛。水温高于37～38℃时易由于过热死亡。冬季在泥沙中休眠，一般不呈持续性冬眠，只要气温回升到20℃以上，便钻出水底觅食。寿命一般9～11年，某些个体可超过50年。

山瑞鳖水生，扩散迁徙能力较弱。天敌为鼠、蛇、水禽等。病原生物为弧菌、嗜水气单胞菌、温气单胞菌、假单胞杆菌等，以及水生寄生类节肢动物等。山瑞鳖5～10月交配繁殖，6月为盛期，雌性夜间于向阳沙滩或泥地挖巢穴产卵，穴深11～18厘米，距水面不超过2米。每年产卵1～3次，每窝5～20枚卵。卵呈圆形，白色，直径15～20毫米，重10～13克，产后以泥沙封住巢洞口。依靠阳光自然孵化。幼鳖出壳后，自行入水。

◆ **价值**

山瑞鳖为珍贵的经济动物，除供应中国内地市场需求外，每年还大量出口。稚鳖可用于观赏，成鳖观赏价值不高。

◆ **种群动态**

山瑞鳖种群数量随季节变化较小。由于人类捕杀、食用、药用，野外种群数量逐年递减。

◆ **保护措施**

在中国被列入《中国濒危动物红皮书》，是国家二级保护野生动物，还被《中国生物多样性红色名录——脊椎动物卷（2020）》评估为濒危（EN）等级物种。应组织有关人员在山瑞鳖产区，特别是广西境内开展普查，确立该物种分布及产量，制定每年可允许捕捉地区及捕捉量，为长远的科研及经济需要，划定保护区。此外，应推广山瑞鳖人工饲养。

◆ **管理措施**

人工养殖中新孵出的稚山瑞鳖重 6～7 克，卵黄尚未吸收完毕，可任其在孵化器内自由爬动，无须喂食。2 天后移入木盆或胶盆中暂养，盆底铺沙 3～4 厘米厚，注水 2 厘米深，保证稚鳖头部可露出水面呼吸。每日上、下午各投喂 1 次。饵料为红虫、切碎的蚯蚓、鱼肉、禽畜肝脏等。投喂量为群体总重的 10% 左右，也可投喂甲鱼配合饲料。中国于 1980 年及 1984 年进行了山瑞鳖的生态和人工养殖试验及产卵习性的研究，为山瑞鳖的人工养殖开创了门路。

中华鳖

中华鳖是龟鳖目鳖科山瑞鳖属的一种。别称水鱼、甲鱼。

◆ **地理分布**

中华鳖主要分布于中国、日本、越南北部、韩国、俄罗斯东部，也被引入泰国、马来西亚、美国夏威夷等地。

◆ **形态特征**

中华鳖体长约 30 厘米，体躯扁平，呈椭圆形，背腹具甲。通体被柔软的革质皮肤，无角质盾片。体色基本一致，无鲜明的淡色斑点。头部粗大，前端略呈三角形。吻端延长呈管状，具长的肉质吻突，约与眼径相等。眼小，位于鼻孔后方两侧。口无齿，脖颈细长，呈圆筒状，伸缩自如，视觉敏锐。颈基两侧及背甲前缘均无瘰粒或大疣。背甲暗绿色或黄褐色，周边为肥厚的结缔组织，俗称"裙边"。腹甲灰白色或黄白色，平坦光滑，有7个胼胝体，分别在上腹板、内腹板、舌腹板与下腹板联体，以及剑板上。尾较短。四肢扁平，前后肢各有5趾，趾间有蹼。内侧3趾有锋利的爪。四肢均可缩入甲壳内。

◆ 生物学习性

中华鳖生活于江河、湖沼、池塘、水库等水流平缓、鱼虾繁生的淡水水域，也常出没于大山溪中。在安静、清洁、阳光充足的水岸边活动较频繁，有时上岸但不能离水源太远。中华鳖杂食性，喜食鱼虾、昆虫等，也食水草、谷类等植物性食物，并特别嗜食臭鱼、烂虾等腐食，耐饥饿，但贪食且残忍，如食饵缺乏还会互相残食。具水上、水下呼吸功能，在水下时可一定程度上利用水中的溶氧维持生命活动。非离子氨敏感，在酸性水中，活动摄食减少，代谢下降，生长较慢；在碱性环境中，皮肤黏膜遭破坏。水体中性或弱碱性为适宜。耐盐能力弱，安全盐度为1.1，盐度在1.5以上24小时全部死亡。基因型性别决定，ZW系统，幼体性别与孵化温度无显著相关性。特殊排泄机制，尿液可自口腔排出。

中华鳖具趋光性。喜晒太阳或乘凉风。夏季有晒甲习惯，冬季有冬眠习性，翌年苏醒寻食。性怯懦怕声响，白天潜伏水中或淤泥中，夜间出水觅食。寿命25～30年。水中生活，迁移能力弱。4～5月在水中交配，20 天后产卵，至 8 月结束。繁殖季产卵 3 ～ 4 窝，5 岁以上雌鳖年产卵 50 ～ 100 枚。卵呈球形，乳白色，直径 15 ～ 20 毫米，重 8 ～ 9克。产卵巢穴由雌鳖挖掘，深约 10 厘米，产卵后以土覆盖压平伪装。经 40 ～ 70 天地温孵化，稚鳖破壳，1 ～ 3 天脐带脱落入水生活。

◆ **价值**

中华鳖既有食用价值，也有药用价值。据陶弘景的《名医别录》记载，鳖性味甘，平，有滋阴补肾、清退虚热的功效。但中华鳖胆固醇含量极高，故肝功能不全者不宜食用。稚鳖可用于观赏，培育有白化或黄化品种，具观赏性；原种色泽暗淡，无观赏价值。中华鳖捕食鱼苗，对渔业养殖有害。

◆ **种群动态**

中华鳖野生种群数量逐年下降，影响因素为栖息地被破坏，人类捕捉用于食用或入药。

◆ **保护措施**

中华鳖已被《世界自然保护联盟濒危物种红色名录》列为易危（VU）等级物种，被《中国生物多样性红色名录——脊椎动物卷（2020）》评估为濒危（EN）等级物种。

◆ **管理措施**

中华鳖养鳖场地选择近水源，水质清新无污染，水量充足，进、排水方便之处。沙粒不宜粗，否则易使中华鳖的皮肤受伤染病。要求饲料精、细、软、鲜、嫩，营养全面，适口性好。每日投喂 2 ～ 3 次，通常 8～9 时一次，14～15 时一次，日投喂量占鳖体重的 5%～10%。较多地区已有规模性养殖。但地域种保持较差，品种驳杂。需对地方性种群进行保育性养殖。稚鳖常受蚊、鼠、蛇、虫、水禽等的侵害。病原生物为弧菌、嗜水气单胞菌、温气单胞菌、假单胞杆菌等，以及水生寄生类节肢动物等。

第 14 章

龟类

眼斑水龟

眼斑水龟是龟鳖目地龟科眼斑龟属的一种。别称眼斑龟、四眼龟。中国特有种，主要分布于广东、广西、福建、安徽、贵州、江西及香港。

◆ 形态特征

眼斑水龟背甲长可达 19 厘米左右，头背皮肤光滑，满布黑色细点，头顶后侧具 2 对色彩不同、分界不清晰的眼斑，颈部有多条黄色（雌）或红色（雄）条纹，雄性腹甲多有黑色小斑点，雌性多为大块黑斑。背甲灰棕色，脊部具一纵棱。腹甲平坦，前缘平切，后缘略凹。四肢灰棕色，前肢外侧具若干大鳞。指（趾）间全蹼。

◆ 生物学习性

眼斑水龟栖息于水质清澈、水流较缓的山涧流溪或水潭中。杂食性，喜食昆虫、小鱼虾、蚯蚓，植物的茎、叶、果实等。变温动物，气温低于 18℃ 时活动量减少，开始冬眠。昼夜均有活动，通常趴在石头上晒太阳，具群居现象。天敌为野生肉食动物、蛇类、蚁类。病原生物为水蛭等。除冬眠外，眼斑水龟在其他季节均有交配活动，冬眠后 1 个月交配较为频繁，4～7月产卵。窝卵数为1～3枚，卵呈长椭圆形，长度4厘米左右，重量为13克左右。

◆ 价值

眼斑水龟有观赏价值。部分养殖场有饲养，可作为药用及食用资源。

◆ 保护措施

栖息地被破坏、过度猎捕、非法贸易对眼斑水龟野生种群威胁较大。眼斑水龟已被《世界自然保护联盟濒危物种红色名录》评估为濒危（EN）等级物种，被《中国生物多样性红色名录——脊椎动物卷（2020）》评估为极危（CR）等级物种，被《濒危野生动植物种国际贸易公约》（CITES）列入附录二中。

黄喉拟水龟

黄喉拟水龟是龟鳖目龟科拟水龟属的一种。别称石龟、石金钱龟、黄板龟。

◆ 地理分布

黄喉拟水龟在中国分布于安徽、福建、台湾、江苏、广西、广东、云南及香港等地，在国外主要分布于越南等地。

◆ 形态特征

黄喉拟水龟甲长15～20厘米。头小，顶平滑，橄榄绿色，上喙正中凹陷，鼓膜清晰，头侧有2条黄色线纹穿过眼部，喉部淡黄色。背甲扁平，棕黄绿色或棕黑色，具3条脊棱，中央1条明显，后缘略锯齿状。腹甲黄色，盾片外侧有大墨渍斑。四肢较扁，外侧棕灰色，内侧黄色，前肢五指，后肢四趾，指趾间有蹼。成长过程中有体色变化，以头部颜色最为明显。体色基本形成南深北浅的趋势。南种偏棕黑色、北种棕灰色。由南至北头部颜色依次呈深绿、灰绿、浅绿，越北越偏黄色。北种个体较小，南种较大。

◆ **生物学习性**

黄喉拟水龟栖息于丘陵地带、半山区的山涧盆地和河流水域中，野外生活于河流、稻田及湖泊中，也常到附近的灌木及草丛中活动。杂食性动物，小鱼虾、肉类、动物内脏、螺、蛙、蛇、果皮、嫩草、蕉类、玉米等均可作为食物，喜食肉类。最适环境温度为 20～30℃，15℃左右开始转向冬眠状态。10℃左右进入冬眠。15℃左右苏醒，不进食，20℃左右开始进食。冬眠后体重减少 50～100 克。幼龟为温度依赖型性别决定（即孵化温度决定性别），TSD Ia 型。黄喉拟水龟白天水中活动觅食，晴天喜晒背。天气炎热时，潜入水中、暗处或埋于沙中，怕惊动，遇敌害立即潜入水中或缩头不动。寿命 20～50 年。天敌为水禽、食肉动物、人类。病原生物有弧菌、嗜水气单胞菌、温气单胞菌、假单胞杆菌及水生寄生类节肢动物等。

雄龟体重 250 克左右时性成熟，背甲长，腹甲凹陷，个体大，尾较长，泄殖孔距腹甲后缘较远。雌性体重 300 克左右时性成熟，背甲宽短，腹甲平坦，尾短小。交配期 4～10 月，多在夜晚或清晨交配。产卵期 5～9 月，7 月为盛期，多夜晚产卵，挖掘巢直径约 40 毫米，洞约深 80 毫米。产后，以后肢拨土填平洞穴。每窝产卵 1～5 枚，卵白色，长椭圆形，长径约 40 毫米，短径约 20 毫米，重 10 克左右。

◆ **价值**

黄喉拟水龟是宠物交易中受欢迎的品种，具较高观赏价值、食用价值和药用价值。但因其捕食小型鱼苗，对渔业有危害。

◆ **管理措施**

养殖。因其可药用或食用，故人类过度捕捉使得野生数量急剧减少。但黄喉拟水龟生存能力强，养殖成本低，市场需求大，利润较高，适合农户养殖。养殖场地应水源充足、水质良好、土质保水性能良好（如黏壤土或壤土）、排灌方便、环境安静、背风向阳，不同阶段的龟，宜建不同龟池。家庭饲养选择健康的个体。勤换水、刷箱体，保持水质。若受伤可定期用1%盐水清洗，放入清水中或干养预防为主，水质是关键。

可持续利用。黄喉拟水龟野外种群濒危，已被中国列入《国家保护的有益的或者有重要经济、科学研究价值的陆生野生动物名录》，被《中国生物多样性红色名录——脊椎动物卷（2020）》评估为极危（CR）等级物种，建议购买养殖场繁殖的个体，拒绝野生个体。

缅甸陆龟

缅甸陆龟是龟鳖目陆龟科缅甸陆龟属的一种。别称黄头象龟。在中国分布于广西、云南等地，在国外分布于越南、泰国、老挝、缅甸、柬埔寨、孟加拉国、尼泊尔、不丹及印度等国。

缅甸陆龟头背部呈青灰色至淡黄色。前额鳞1对，显著大。背甲黄色至青绿色，脊盾和肋盾具大块黑斑。腹甲黄色，具大块黑斑。臀盾单枚。背甲高隆，盾片同心纹明显。四肢粗壮呈柱形，指5爪，趾4爪，无蹼。尾巴末端为角质鞘。

缅甸陆龟常栖息于热带、亚热带地区的山地、丘陵及灌木丛林中。以花、草、野果、真菌、节肢动物和软体动物等为食。为变温动物，白天活动少，夜晚活动多。温度低于 14℃ 时进入冬眠状态。天敌为野生食肉性动物。5 月开始交配，7 ～ 8 月是交配旺季，于 6、7、9、11 月产卵，每次产卵 5 ～ 10 枚，一年产卵 1 ～ 3 次，卵白色，长椭圆形。

缅甸陆龟具有观赏价值。由于栖息地被破坏、过度猎捕、非法贸易对野生种群威胁较大，缅甸陆龟已被《世界自然保护联盟濒危物种红色名录》评估为濒危（EN）等级物种，被《中国生物多样性红色名录——脊椎动物卷（2020）》评估为极危（CR）等级物种，被《濒危野生动植物种国际贸易公约》（CITES）列入附录二中。部分动物园、养殖场有缅甸陆龟饲养。

本书编著者名单

编著者（按姓氏笔画排列）

丁国骅	王 征	王 登	王 静
王大军	王小明	王秀玲	付和平
冯 江	刘 颖	江廷磊	孙克萍
杜卫国	李 波	李 晟	杨道德
肖汉兵	吴延庆	吴孝兵	张永普
陈德牛	武晓东	林爱青	林隆慧
郑荣全	孟 彦	赵文阁	俞丹娜
施大钊	姜广顺	郭 鹏	龚世平
蒋 卫	廖文波	戴建华	